新概念中国高等职业技术学院艺术设计规范教材

顾问 林家阳

制图与识图

韦 珏 著

中国美术学院推荐教材

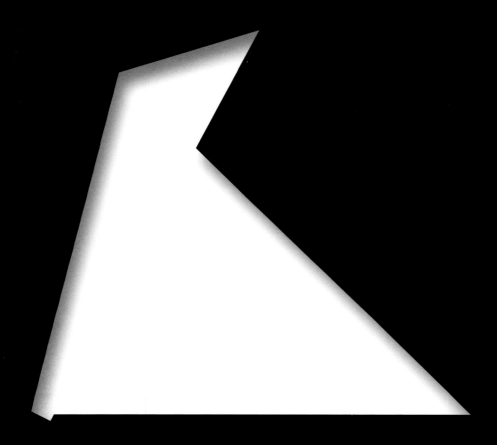

THE FIRST CHAPTER
CURRICULUM
SUMMARY

THE SECOND CHAPTER
TEACHING
PROCESS

THE THIRD CHAPTER
SUBJECTS
PRACTICE

浙江人民美术出版社

序言

　　早在2006年11月16日，国家教育部为了进一步落实《国务院关于大力发展职业教育的决定》指示精神，发布了《关于全面提高高等职业教育教学质量的若干意见》的16号文件，其核心内容涉及到了提高职业教育质量的重要性和紧迫性；强化职业道德，明确培养目标；以就业为导向，服务区域经济；大力推行工学结合，突出实践能力培养；校企合作，加强实训；加强课程建设的改革力度，增强学生的职业技术能力等等。文件所涉及到的问题既是高职教育存在的不足，也是今后高职教育发展的方向，为我们如何提高教学质量、做好教材建设提供了理论依据。

　　2009年6月，温家宝总理在国家科教领导小组会议上作了"百年大计，教育为本"的主题性讲话。他在报告中指出：国家要把职业教育放在重要的位置上，职业教育的根本目的是让人学会技能和本领，从而能够就业，能够生存，能够为社会服务。

　　德国人用设计和制造振兴了一个国家的经济；法国人和意大利人用时尚设计观念塑造了创新型国家的形象；日本人和韩国人也用他们的设计智慧实现了文化创意振兴国家经济的夙愿。同样，设计对于中国的国民经济发展也将起着非常重要的作用，只有重视设计，我们产品的自身价值才能得以提高，才能实现从"中国制造"到"中国创造"的根本性改变。

　　高职教育质量的优劣会直接影响国家基础产业的发展。在我国1200多所高职高专院校中，就有700余所开设了艺术设计类专业，它已成为继电子信息类、制造类后的大类型专业之一。可见其数量将会对全国市场的辐射起到非常重要的作用，但这些专业普遍都是近十年内创办的，办学历史短，严重缺乏教学经验，在教学理念、专业建设、课程设置、教材建设和师资队伍建设等方面都存在着很多明显的问题。这次出版的《新概念中国高等职业技术学院艺术设计规范教材》正是为了解决这些问题，弥补存在的不足。本系列教材由设计理论、设计基础、专业课程三大部分的六项内容组成，浙江人民美术出版社特别注重教材设计的特点：在内容方面，强调在应用型教学的基础上，用创造性教学的观念统领教材编写的全过程，并注意做到章、节、点各层次的可操作性和可执行性，淡化传统美术院校所讲究的"美术技能功底"，并建立了一个艺术类专业学生和非艺术类专业学生教学的共享平台，使教材在更大层面上得以应用和推广。

以下设计原则构成了本教材的三大特色：

1. 整体的原则——将理论基础、专业基础、专业课程统一到为市场培养有用的设计人才目标上来。理论将是对实践的总结；专业基础不仅为专业服务，同时也是为社会需求服务；专业课程应讲究时效作用而不是虚拟。教材内容还要讲究整体性、完整性和全面性。

2. 时效的原则——分析时代背景下的人文观和技术发展观。时代在发展，人们的生活观、欣赏观、消费观发生了很大的变化，因此要求我们未来的设计师应站在市场的角度进行观察，同时也在一个新的时间点上进行思考；21世纪是数字媒体时代，设计企业对高等职业设计人才的知识结构和技术含量提出了新的要求。编写教材时要用新观念拓展新教材，用市场的观念引导今天的高职艺术设计学生。

3. 能用的原则——重视工学结合，理论与实践结合，将知识融入课程，将课题与实际需求相结合，让学生在实训中积累知识。因此，要求每一本教材的编写老师首先是一个职业操作能手，同时他们又具备相当的专业理论水平。

为了确保本教材的权威性，浙江人民美术出版社组织了一批具有影响力的专家、教授、一线设计师和有实践经验的教师作为本系列教材的顾问和编写人员。我相信，以他们所具备的教学能力、对中国艺术设计教育的热爱和社会责任感，他们所编写的《新概念中国高等职业技术学院艺术设计规范教材》的出版将使我们实现对21世纪的中国高等职业教育的改革愿望。

林家阳

2009年11月于上海

目录
CATALOG

第一章　课程概述

第二章　教学流程

第一章 **1**

课程概述 Chapter

CURRICULUM SUMMARY

第一章　课程概述

图1-1 江西婺源民居门楼式大门

一、培养目标

目的：培养学生正确识读和绘制工程图纸的技能和空间想象的能力，为以后设计绘图打好基础。着重突出制图的应用性、时代性，强调理论联系实际。

要求：掌握正确的制图方法，能识读环境艺术设计专业的图纸，具有对形体空间的想象及思维能力，并能熟练绘制设计中所需的各类图纸，培养认真负责、严谨细致的绘图态度。

二、教学模式

制图课作为环境艺术设计专业的一门专业基础课，是艺术与技术相结合，操作性非常强的学科，同时需要相应的规范性和创意性。因此，在课程内容上，一方面需要训练学生的思维表达和手绘能力；另一方面也要加强对构造理论的学习，注重画图的规范性和严谨性。

教学以应用性为主，重点培养学生分析问题和解决问题的能力，侧重于具体的应用。训练学生徒手加器绘的基本功，培养三维空间想象力，手脑并用快速表达设计思维的专业技能，其中包括构图原理中对尺度比例等形式恰到好处的把握。

教学模式一：课堂理论授课

本阶段主要由教师来讲授制图理论知识，教师结合模型演示和虚拟动画，以加强学生的感性认识，使学生建立制图学习的方向性，为从具象到抽象的转变打好基础。

制图基础部分知识（包括投影知识）主要由课堂授课和课堂练习相结合来完成。

图 1-2 中国画风格的汉苑图

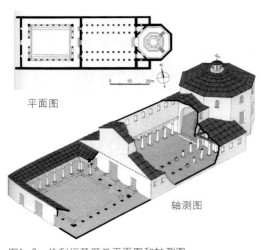

平面图

轴测图

图1-3 伯利恒圣诞堂平面图和轴测图

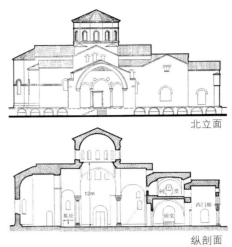

北立面

纵剖面

图1-4 特拉布宗圣索菲亚教堂
北立面、纵剖面、南立面效果图

教学模式二：工程图纸临摹绘制

本阶段主要在工程制图授课中进行。不同设计的工程图绘制阶段都需要临摹相应的设计图纸，并在绘制过程中结合工程蓝图的识读，使学生逐步掌握正确的识读方法和规范工程图的绘制方法。

临摹的案例主要由教师来选择，按不同的练习可分为学生单独一人绘制和小组合作绘制两种方式。部分工程图纸的识读可选择在施工场所进行，这样可以加深学生从施工图到实物建成的认识。

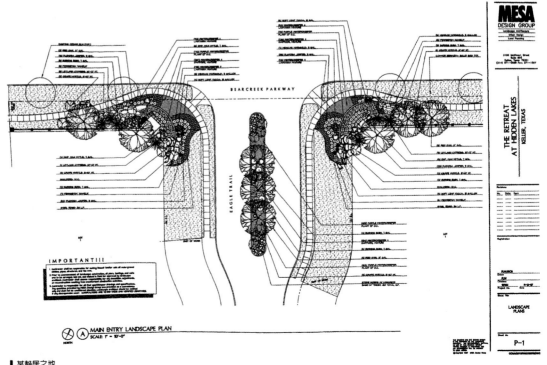

■ 某静居之地

图1-5 某静居之地景观设计图纸

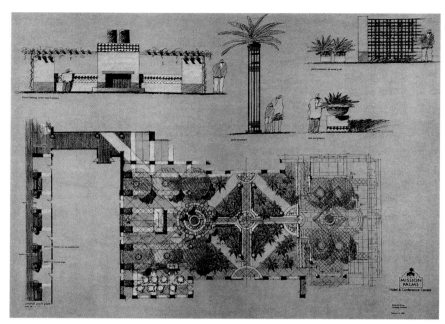

图1-6 图纸绘制 坦帕的棕榈饭店设计

教学模式三：实地测绘及绘图练习

本阶段以学生实践活动为主，教师在旁指导为辅。要求学生在基本理论知识已掌握的情况下，综合运用制图课程的所学内容，进行比较系统的制图实践。要求学生实地测量室内外空间，整理后绘制成图。要求测绘认真、确切，制图规范、标准。

三、教学重点与难点

教学重点：空间想象和思维能力的培养及识图能力的建立。

教学难点：工程图样表达方案的确立及有关技术要求的运用。

四、课程设置、课时分配

（一）课程安排

第一阶段：制图基础理论的学习

教学目的：通过对制图基本理论知识（包括制图基本知识、投影知识、轴测图绘制）的学习，掌握制图绘制的基本方法，了解基本的制图规范，为下一步的工程图绘制打好基础。

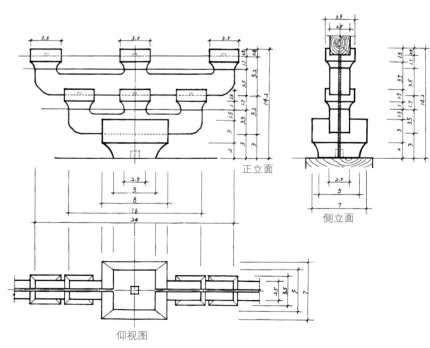

图1-7 二寸半一斗六升牌科斗拱图

教学活动：理论授课、课堂练习。

第二阶段：结合专业制图的学习

教学目的：熟悉环境艺术设计专业的各类工程图纸的绘制过程，掌握基本的绘制方法并能进行相应图纸的识读和绘制。学会区分各类图纸之间的共性和差异性。

教学活动：理论授课、图纸临摹练习。

第三阶段：实际应用制图的学习

教学目的：学习基本的测绘方法，并能根据所学的绘图知识进行规范的图纸绘制。

教学活动：实地场所的绘制、手绘和计算机相结合的图纸绘制练习。

图1-8 挑金斗拱

（二）课时分配

建议总课时为 80 课时，计算机绘图不算在内。

课程单元名称		基本内容	单元课时	单元课时分配		备注
				讲授	练习	
制图基本理论概述	制图基本知识	制图工具的使用和熟悉基本的制图方法	4	2	2	
	投影知识	正投影的基本理论及应用、各类形体的三视图画法和空间想象力的培养	14	6	8	多媒体 三维模型
	轴测图绘制	轴测投影的基本知识、各类轴测图的画法	8	2	6	多媒体
工程图识读	建筑设计制图与识图	建筑基本制图规范 建筑平、立、剖面等的绘制	16	6	10	工程蓝图
	室内设计制图与识图	室内基本制图规范 建筑平、立、剖面等的绘制	12	4	8	工程蓝图
	景观设计制图与识图	景观基本制图规范 景观平、立、剖面等的绘制	20	8	12	工程蓝图
测绘实践		测绘实际的室内外空间并绘制成图	6	1	5	

第二章

Chapter 2

教学流程

TEACHING PROCESS

第二章 教学流程

一、教学流程图

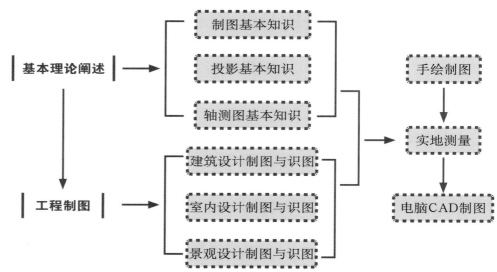

教学流程图中"基本理论阐述"教学阶段主要采用手绘制图。进入到第二阶段"工程制图"教学时，手绘制图和电脑CAD制图可相结合进行，初级的专业制图可采用手绘，当学生逐步掌握知识要点之后可结合电脑CAD制图。到了课程后期实地测量练习阶段时，可以采用手绘制图的方式，也可采用电脑制图的方式。在制图的整个教学过程中，画图的训练是结合授课过程而进行的，手绘或者是电脑制图都是为了培养规范的制图意识和锻炼制图与识图的能力。

二、基本理论阐述

（一）制图的基本知识

1. 制图工具及其使用方法

正确使用绘图工具和仪器，是保证绘图质量和速度的前提。因

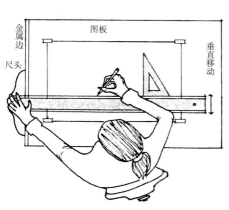

图2-1　画板和丁字尺的使用

此，必须熟练掌握绘图工具和仪器的使用方法。绘图工具种类很多，以下介绍的是常用的工具和仪器。

（1）图板、丁字尺、三角板。图板表面必须平整、光洁，图板左侧作为导边，必须平直；丁字尺用于绘制水平线，使用时将尺头内侧紧靠图板的左侧导边上下移动，自左向右画水平线，如图2-1；一副三角板由除直角外的其他两个角分别为两个45°角和分别为30°角、60°角的两块三角板组成。三角板与丁字尺配合使用，可画垂直线以及水平线成30°、45°、60°的倾斜线，还可以画任意已知直线的平行线和垂直线（如图2-2）。

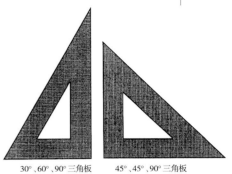

30°、60°、90°三角板   45°、45°、90°三角板

图2-2   三角板

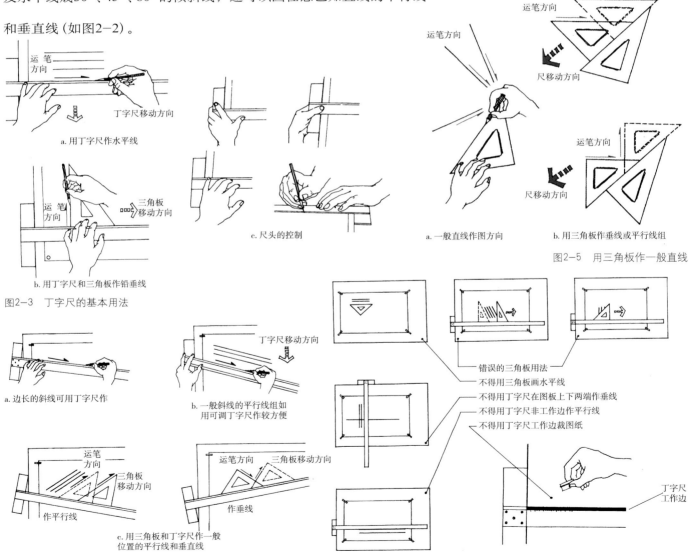

a. 用丁字尺作水平线

c. 尺头的控制

b. 用丁字尺和三角板作铅垂线

图2-3   丁字尺的基本用法

a. 边长的斜线可用丁字尺作

b. 一般斜线的平行线组如用可调丁字尺作较方便

作平行线

作垂线

c. 用三角板和丁字尺作一般位置的平行线和垂直线

图2-4   用丁字尺结合三角板作一般直线

a. 一般直线作图方向

b. 用三角板作垂线或平行线组

图2-5   用三角板作一般直线

错误的三角板用法

不得用三角板画水平线

不得用丁字尺在图板上下两端作垂线

不得用丁字尺非工作边作平行线

不得用丁字尺工作边裁图纸

图2-6   丁字尺和三角板的错误用法

（2）圆规与分规。圆规用来画圆和圆弧。圆规的一腿装有带台阶的钢针，用来固定圆心，另一腿上装铅芯插脚或钢针（作分规时用）。画圆时，当钢针插入图板后，钢针的台阶应与铅芯尖端平齐，将笔尖与纸面垂直，转动圆规手柄，均匀地沿顺时针方向一笔画出圆或圆弧（如图2-7）。

分规用来量取尺寸和等分线段，使用前先并拢两针尖，检查是否平齐，用分规画等分线的方法如图2-8。

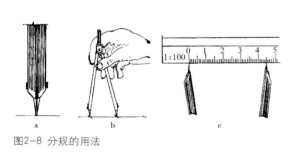

图2-8 分规的用法

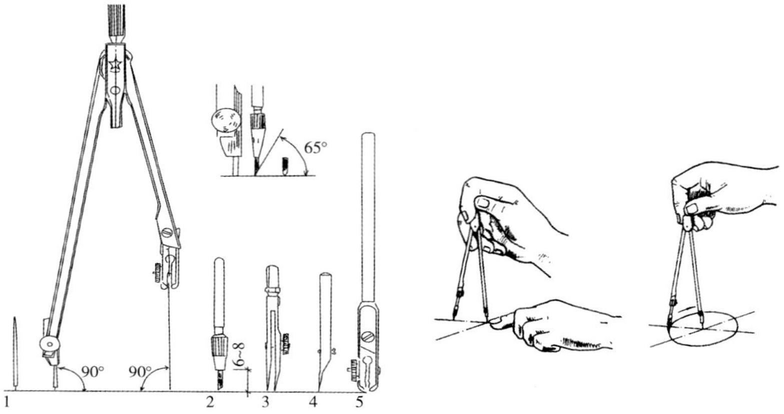

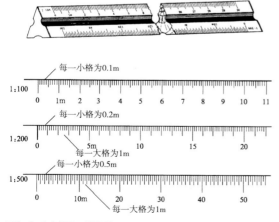

1.钢针 2.铅笔插腿 3.直线笔插腿 4.钢针插腿 5.延伸杆

图2-7 圆规及画圆方法

图2-9 比例尺及其识读

（3）比例尺。常用的比例尺为三棱尺（图2-9），有三个尺面，刻有六种不同比例的尺标，如1：100、1：200……1：600等。当使用比例尺上某一比例时，可直接按尺面上所刻的数值截取或读出所刻线段的长度。例如：按比例1：100画图时，图上每1mm长度即表示实际长度为100mm。1：100可当作1：1使用，每一小格刻度为1mm，1：200可当作1：2使用，每一小格刻度为2mm。

（4）铅笔。绘图铅笔用"B"和"H"代表铅芯的软硬程度。"H"表示硬性铅笔，H前面的数字越大，表示铅芯越硬（淡）；"B"表示软性铅笔，B前面的数字越大，表示铅芯越软（黑）。HB表示铅芯软硬适中。画粗实线常用B或2B，写字常用HB，画细线或画底稿时用2H或H。其削法和用法如图2-10。

（5）绘图笔。绘图笔也可称针管笔，常用的针管笔可分为灌墨水的针管笔和一次性的针管笔，如图2-11。按笔芯的粗细常见规格有0.05、0.1、0.3、0.5等，可根据画图线的粗细选用。灌墨水的针管笔长期不用时应清洗干净，以防堵塞。

绘图时始终要让笔和直边（丁字尺、一字尺或三角板）之间有一个小空隙。只要让笔保持90°的垂直状态或笔略向身体方向倾斜就能做到这点。尽量不要使笔偏离直边，让笔与纸面成大约60°就能很好地绘制各类直线。

（6）模版。模版上刻有许多标准设备和家具符号以方便绘图。不同几何形状的模版可代替圆规或椭圆作等形状的制图，如图2-13所示。

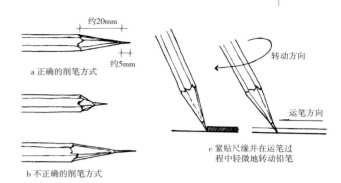

图2-10　铅笔的削法和作图

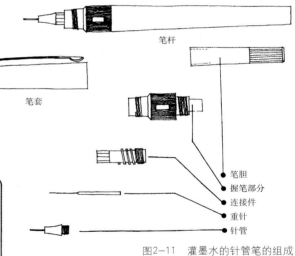

图2-11　灌墨水的针管笔的组成

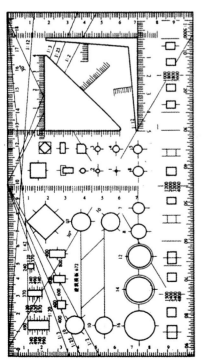

图2-13　模版

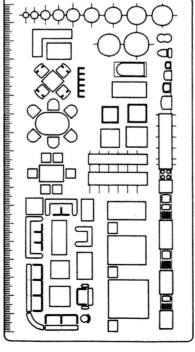

图2-12

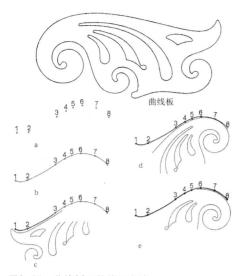

图2-14　曲线板及其使用方法

（7）曲线板。曲线板主要用来绘制圆规难以画出的非圆曲线，同时可以精确地绘制等高线，如图2-14和图2-15所示。

（8）插图片。插图片的作用是当擦去图中多余的线条时可避免擦去邻近有用的图线。

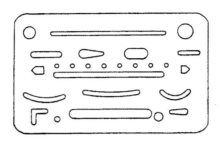

插图片是一块薄金属片，可以保护相邻的线条不被擦除。按住插图片擦去不需要的小块区域里的线条。

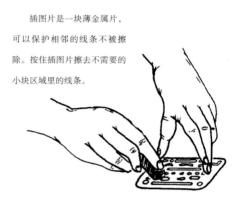

图2-16　插图片及用法

（9）其他制图工具。除上述工具外，绘图时还要备有削铅笔的小刀、橡皮、固定图纸的胶带纸、蛇形尺等（如图2-17）。

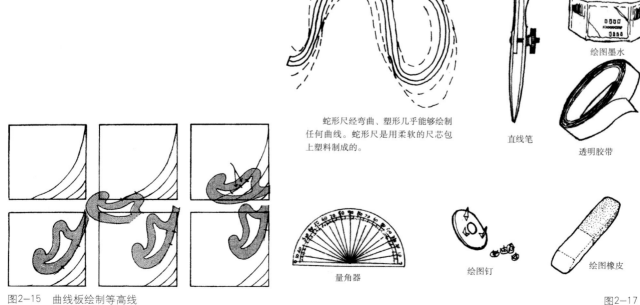

蛇形尺经弯曲、塑形几乎能够绘制任何曲线。蛇形尺是用柔软的尺芯包上塑料制成的。

绘图墨水

直线笔

透明胶带

小刀

量角器

绘图钉

绘图橡皮

图2-15　曲线板绘制等高线

图2-17　制图工具

2．制图的基本规定

工程图纸是设计人员表达设计的基本语言，也是设计环境工程建设施工的重要依据，因此制图过程必须按照统一的标准和规范来进行。目前环境艺术设计专业制图基本沿用国家颁布的建筑制图、风景园林制图等相关标准。

（1）图纸幅面和格式。图纸幅面指图纸的大小，制图中基本幅面规格有5种，其代号分别为A0、A1、A2、A3、A4，习惯称之为零号图纸、一号图纸等。相邻幅面的图纸的对应边之比符合$\sqrt{2}$的关系，见图2-18。图纸幅面的具体规定如表2-1中所示，其中$b \times l$为图纸短边乘以长边，a、c为图框线与幅面线之间的宽度，其数值与幅面大小有关。

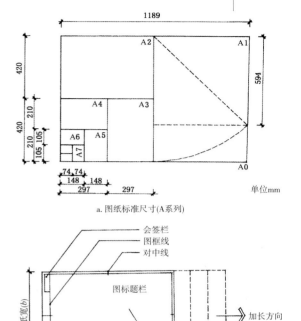

a. 图纸标准尺寸(A系列)

图2-18 图纸幅面

表2-1 幅面及图框尺寸

尺寸代号 ＼ 幅面代号	A0	A1	A2	A3	A4
$b \times l$	841×1189	594×841	420×594	297×420	210×297
c	10			5	
a	25				

（2）标题栏和会签栏。图纸中的标题栏是位于图纸右下方说明图样内容的专栏，用于填写设计单位名称、工程名称、图号、日期、设计人员签名、审核人员签名等。标题栏的内容、格式及尺寸可根据工程需要进行分区。一般按图2-19格式绘制。

学生作业期间可采用图2-20格式绘制。

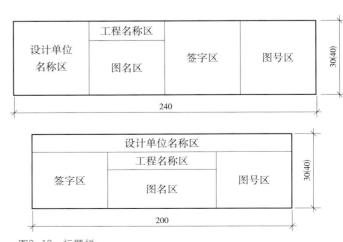

图2-19 标题栏

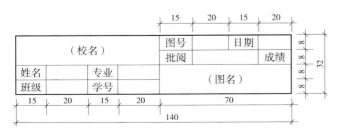

图2-20 作业用制图标题栏

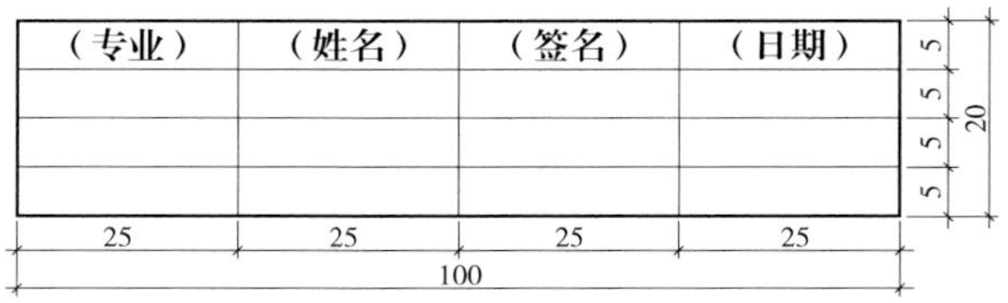

（专业）	（姓名）	（签名）	（日期）
25	25	25	25

图2-21 会签栏

需要会签的图纸，还应在图框的左上角画出会签栏，栏内填写会签人员所代表的专业、姓名及会签日期（年、月、日）。

（3）比例。制图中绘制图样是按照一定的比例进行的，其比例指的是图形与实物相应要素的线性尺寸之比。例如绘制家装的平面常用到1:100的比例，而家装的立面绘制常用1:20或1:30,按比例来看立面图的比例就大于平面图的比例。

绘制图样应根据图纸的用途和所绘形体的复杂程度，从表2-2中选用。

表2-2　常用比例及可用比例

图名	常用比例	必要时可用比例
总体规划、总体布置、区域位置图	1:2 000, 1:5 000, 1:10 000, 1:20 000, 1:25 000	
总平面图，竖向布置图，管线综合图，土方图，排水图，铁路、道路平面图，绿化平面图	1:100, 1:200, 1:500, 1:1 000, 1:2 000	1:2 500, 1:10 000
铁路、道路纵断面图	垂直1:100, 1:200, 1:500 水平1:1000, 1:2 000	1:300
平面图，立面图，剖面图，铁路、道路横断面图，结构布置图，设备布置图	1:50, 1:100, 1:150, 1:200	1:300, 1:400
内容比较简单的平面图	1:200, 1:400	1:500
场地断面图	1:100, 1:200, 1:500, 1:1 000	
详图	1:1, 1:2, 1:5, 1:10, 1:20, 1:50, 1:100, 1:200	1:3, 1:15, 1:30, 1:40, 1:60

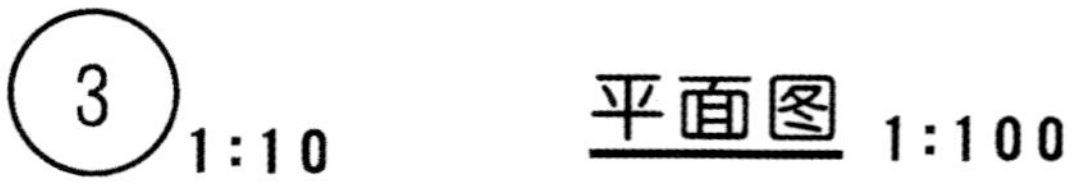

比例通常注在图纸中图名的右侧，字的基准线与图名齐平，字号应比图名字号小1～2号（如图2-22所示）。

（4）字体。图样中书写的文字、数字和字母等，必须做到字体工整、笔画清晰、间隔均匀、排列整齐，标点符号应清楚正确。字体的大小应与图样的大小比例均衡。字体的号数即字体的高度，

③ 1:10　　　平面图 1:100

图2-22 比例的标注

例如3号字体的高度为3mm。常用的字体高度为20、14、10、7、5、3.5、2.5、1.8。如需书写更大的字，其字体高度按$\sqrt{2}$的比率递增。

图样中的汉字应采用长仿宋体（如图2—23）。

图2—23 长仿宋体示例

字体的宽度与高度的关系应符合表2—3的规定。长仿宋体的书写要领是横平竖直、起落分明、粗细一致、大小均衡，初学者可以先打方格再书写。

表2—3 长仿宋字体高宽的关系

字 高	20	14	10	7	5	3.5
字 宽	14	10	7	5	3.5	2.5

数字和字母按字体高度和宽度比例的不同，可分为一般字和窄体字两种，在书写方法上又分为直体字和斜体字两种。同一张图纸上的字体必须统一。斜体字的斜度应从字的底线逆时针向上倾斜75°。字体写法如图2—24所示。

图2—24 英文字母和阿拉伯数字示例

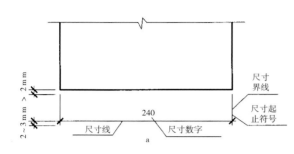

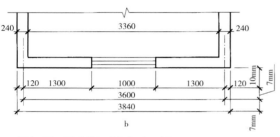

图2-25 尺寸的组成与标注示例

（5）图线。图样中的图线为表达不同的内容应用不同的线型和宽度来表示，这样才能使图中的物体主次分明，表达得当。常用图线如表2-4所示。

（6）尺寸标注。图形只能表示物体的形状，其大小则由标注的尺寸确定。标注尺寸时应做到正确、齐全、清晰。要严格遵照国家有关尺寸标注的标准的规定。

① 尺寸的组成。图样上的尺寸由尺寸界线、尺寸线和起止符号、尺寸数字组成，图2-25为标注尺寸示例。

尺寸界线表示尺寸的范围，用细实线绘制，其一端离开图样的轮廓线不小于2mm，另一端宜超出尺寸线2～3mm。必要时可将轮廓线作为尺寸界线，图2-25b中的240和3360两个尺寸即为轮廓线。

尺寸线用细实线绘制，应与被注长度平行，且不宜超出尺寸界线之外。尺寸起止符号一般用中粗短斜线绘制，其倾斜方向应与尺寸界线成顺时针45°，长度宜为2～3mm。

尺寸数字必须是物体的实际大小，与绘图所用的比例或绘图的准确性无关。建筑工程图上标注的尺寸，除标高和总平面图以m（米）为单位外，其他一律以mm（毫米）为单位，图上的尺寸数字不再注明单位。

相互平行的尺寸线，应从轮廓线向外排列，大尺寸要标在小尺寸的外面。尺寸线与图样轮廓线之间的距离一般不小于10mm，平行排列的尺寸线之间的距离应一致，约为7mm。

② 半径、直径和角度尺寸的标注。标注半径、直径和角度尺寸时，尺寸起止符号不用45°而用箭头表示。角度数字一律水平书写。

表2-4　　图线

图线名称		线型	线宽	一般用途
实线	粗	———	b	主要可见轮廓线
	中	———	0.5b	可见轮廓线
	细	———	0.25b	可见轮廓线、图例线等
虚线	粗	– – –	b	见有关专业制图标准
	中	- - -	0.5b	不可见轮廓线
	细	- - -	0.25b	不可见轮廓线、图例线等
单点长画线	粗	—·—·—	b	见有关专业制图标准
	中	—·—·—	0.5b	见有关专业制图标准
	细	—·—·—	0.25b	中心线、对称线等
双点长画线	粗	—··—··—	b	见有关专业制图标准
	中	—··—··—	0.5b	见有关专业制图标准
	细	—··—··—	0.25b	假想轮廓线、成型前原始轮廓线
折　断　线		～/～	0.25b	断开界线
波　浪　线		～～～	0.25b	断开界线

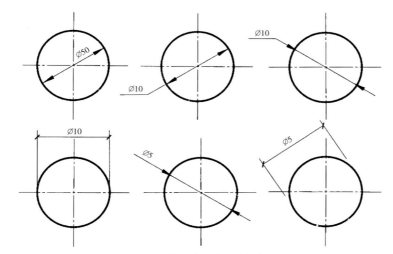

图2-26 半径．直径的尺寸标注

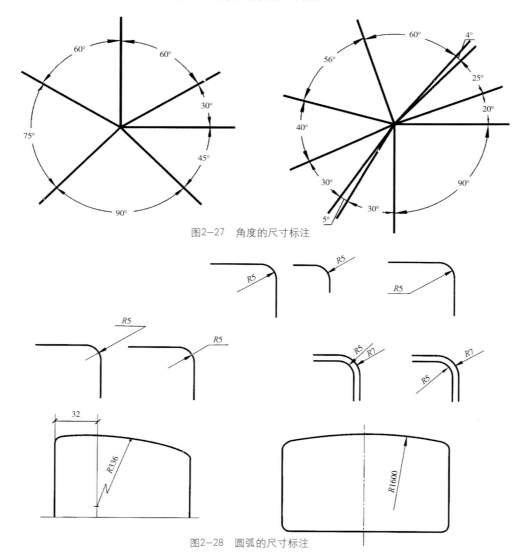

图2-27　角度的尺寸标注

图2-28　圆弧的尺寸标注

③ 坡度的标注。坡度可采用百分数、比数的形式标注，数字下面要加画表示标注坡度时，应加注坡度符号 ⟶，该符号为单面箭头，箭头应指向下坡方向。2%表示每100单位下降2个单位，如图2-29a所示。坡度也可以用直角三角形形式标注，如图2-29b。

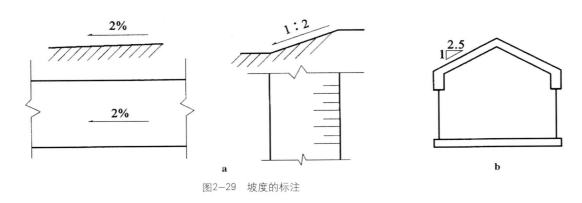

图2-29　坡度的标注

④ 网格式标注。对于工程图中较复杂的图形，可用网格形式标注尺寸。

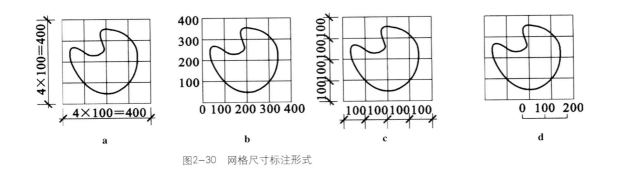

图2-30　网格尺寸标注形式

3．平面图形画法

工程图中绘制的任何形态，一般都是由直线、圆弧、和非圆弧曲线组成的几何形体，因此，在绘制图样时，经常要运用一些基本的几何作图方法。

（1）等分表（表2-5）。

表2-5　等分线段、图幅和圆周

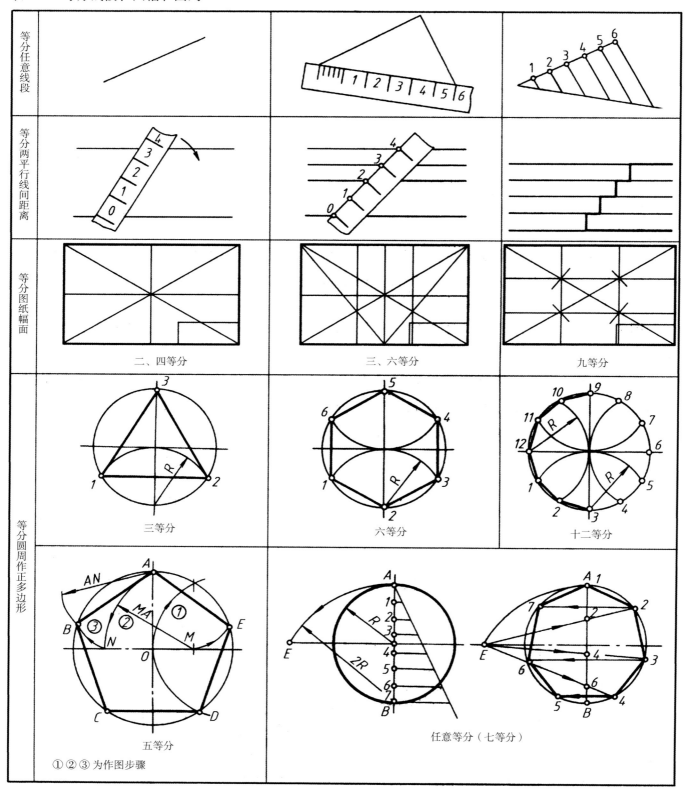

| | 二、四等分 | 三、六等分 | 九等分 |

等分任意线段

等分两平行线间距离

等分图纸幅面

等分圆周

三等分　　　　六等分　　　　十二等分

等分圆周作正多边形

五等分　　　　任意等分（七等分）

①②③为作图步骤

（2）黄金分割直线段。在建筑物或工艺品的设计构思过程中，为使图形比例优美，常使用矩形的长边或短边成"短边：长边＝长边：（短边＋长边）"的比例关系。这样的比值称为"黄金比"。如图2-31，直线段（EA）的黄金比为$ED:DA=DA:EA$，这样的比例关系称为"黄金分割"。

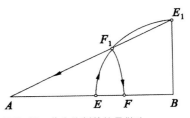

作图方法：过E点作EA的垂线OE，使$OE=EA/2$，以O点为圆心，OE为半径作圆；连OA并延长，与圆周交于D和D_1；以A点为圆心，AD为半径作圆弧在EA上得D'点；以AD_1为半径作圆弧在EA延长线上得D_1'点。则D'和D_1'为EA线段的内、外分割点。图中的矩形$ABCD'$和ABC_1D_1'分别是边长为黄金比的矩形。

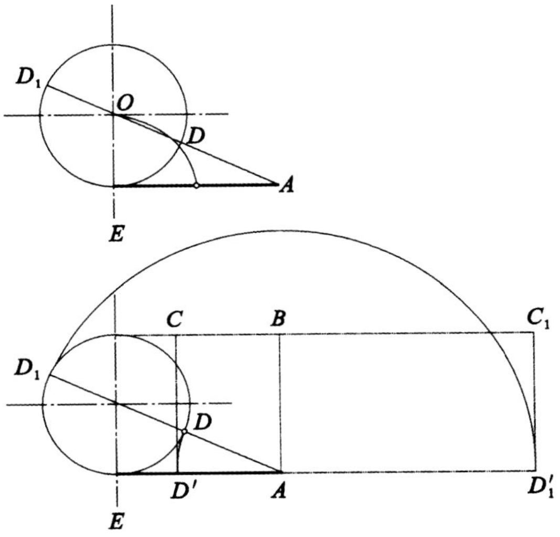

图2-31　黄金分割的作图方法

黄金分割直线段的简易作图方法如图2-32所示，取线段AB的中点E，以B点为圆心，BE为半径作圆弧，与过B点的AB的垂线相交，得E_1点，连E_1A与圆弧交于F_1，再以A为圆心，AF_1为半径求得F，F即为黄金分割点。

图2-32　黄金分割的简易做法

图纸幅面（矩形）的短边和长边尺寸之比为$1：\sqrt{2}$，即$\sqrt{2}$长方形。这是一种近似的黄金比矩形。如图2-33，把$\sqrt{2}$长方形的长边二等分，取一半，然后依次作出一系列越来越小的长方形，即成各种规格的图纸幅面（即通常所谓的开本）。

黄金分割常用的近似比值为$1：1.618$。

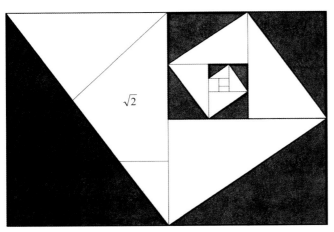

图2-33　图纸幅面近似黄金比矩形的分割

（3）椭圆画法。

① 同心圆画法。同心圆画法绘制椭圆步骤如图2-34所示。

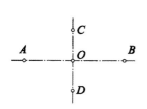
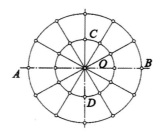
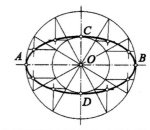

a.已知椭圆的长轴AB和短轴CD

b.分别以AB和CD为直径作大小两圆，并等分两圆为若干份，此为十二等份

c.从大圆各等分点作竖直线，与过小圆各对应等分点所作的水平线相交，得相交线上的各点，用曲线连接起来，即为所求的椭圆

图2-34　同心圆法作椭圆

② 四心圆弧近似法。四心圆弧近似法绘制椭圆步骤如图2-35所示。

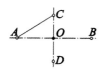
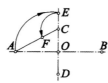
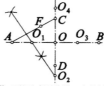
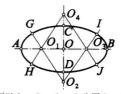

a.已知长、短轴AB和短轴CD

b.以O为圆心，OA为半径作圆弧交CD延长线于点E，以C为圆心，CE为半径作EF交CA于点F

c.作AF的垂直平分线，交长轴于O_1，又交短轴于O_2，在AB上截$OO_3=OO_1$，又在CD延长线上截$OO_4=OO_2$

d.分别以O_1、O_2、O_3、O_4为圆心，O_1A、O_2C、O_3B、O_4D为半径作圆弧，使各弧在O_2O_1、O_2O_3、O_4O_1、O_4O_3的延长线上的G、I、H、J四点处连接；

图2-35　四心圆法作椭圆

（4）圆弧连接。用一段圆弧光滑地连接相邻两线段的作图方法称为圆弧连接。各种连接的作图步骤见表2-6。

表2-6　直线间的圆弧连接

类别	用圆弧连接锐角或钝角的两边	用圆弧连接直角的两边
图例		
作图步骤	1.作与已知角两边分别相距为R的平行线，交点O即为连接弧的圆心； 2.自O点分别向已知角的两边作垂线，垂足M、N即为切点； 3.以O为圆心，R为半径在切点M、N之间画连接圆弧即为所求弧线。	1.以角顶为圆心，R为半径，交直线两边于M、N； 2.以M、N为圆心，R为半径画弧相交得连接圆心O； 3.以O为圆心，R为半径在M、N间画连接圆弧即为所求弧线。

表2-7　直线与圆弧以及圆弧之间的圆弧连接

名称		已知条件和作图要求	作图步骤		
圆弧连接直线与圆弧		已知连接圆弧的半径为R，将此圆弧外切于圆心为O_1，半径为R_1的圆弧和直线1。	1. 作直线1'平行于直线1（其间距为R），再作已知圆弧的同心圆（半径为R_1+R）与直线相交于O；	2. 过O点作直线1的垂线交于1，连接OO_1，交已知圆弧于2，1、2即为切点；	3. 以O为圆心，R为半径画圆弧，连接直线1和圆弧O_1于1、2即为所求弧线。
圆弧连接圆弧与圆弧	外连接	已知连接圆弧的半径为R，将此圆弧同时外切于圆心为O_1、O_2，半径为R_1、R_2的圆弧。	1. 分别以（$R+R_1$）和（$R+R_2$）为半径，以O_1、O_2为圆心，画圆弧相交于O；	2. 连接O、O_1交已知圆弧于1，连接O、O_2交已知圆弧于2，1、2即为切点；	3. 以O为圆心，R为半径，连接已知圆弧于1、2即为所求弧线。
	内连接	已知连接圆弧的半径为R，将此圆弧同时内切于圆心为O_1、O_2，半径为R_1、R_2的圆弧。	1. 分别以（$R-R_1$）和（$R-R_2$）为半径，以O_1、O_2为圆心，画圆弧相交于O；	2. 连接O、O_1并延长交已知圆弧于1，连接O、O_2并延长交已知圆弧于2，1、2即为切点；	3. 以O为圆心，R为半径，连接已知圆弧于1、2即为所求弧线。
	混合连接	已知连接圆弧的半径为R，将此圆弧外切于圆心为O_1，半径为R_1的圆弧，同时又内切于圆心为O_2，半径为R_2的圆弧。	1. 分别以($R+R_1$)和(R_2-R)为半径，以O_1、O_2为圆心，画圆弧相交于O；	2. 连接O、O_1并延长交已知圆弧于1，连接O、O_2并延长交已知圆弧于2，1、2即为切点；	3. 以O为圆，R为半径，连接已知圆弧于1、2即为所求弧线。

（5）螺旋线画法。

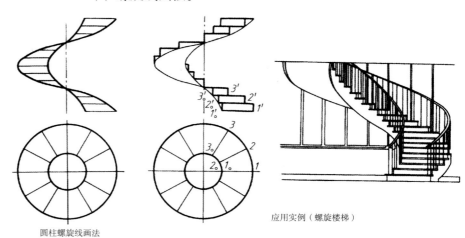

圆柱螺旋线画法

应用实例（螺旋楼梯）

图2-36 螺旋线画法及应用实例

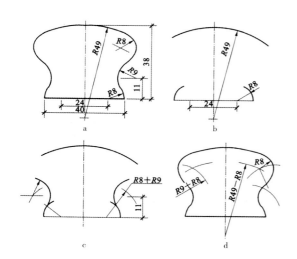

图2-37 绘制扶手平面图的方法和步骤

4. 尺规绘图的方法与步骤

正确使用绘图工具和仪器，应用几何作图的方法，掌握图线线型的画法以及适当的绘图步骤，是提高图面质量和制图速度的保证。现以平面图形扶手为例（图2-37），介绍绘图的方法和步骤。

（1）作图的一般步骤。

① 图形分析，分析图形中哪些是已知线段，哪些是连接线段，了解图形各部分尺寸大小；

② 根据图形大小选择比例及图纸幅面；

③ 固定图纸；

④ 用2H或H铅笔画底稿；

⑤ 检查无误，擦去多余作图线，描深并标注尺寸。

（2）描图的一般步骤。

① 先加深圆及圆弧；

② 用丁字尺和三角板按水平线、垂直线、斜线的顺序加深粗实线。按同样顺序加深虚线；

③ 画中心线、尺寸界线、尺寸线，填写尺寸数字；

④ 填写标题栏。

完成的平面图形（图2-37d）。

5．徒手绘图

徒手绘图是一种不受条件限制，作图迅速、容易更改的作图方法，可以称为草图。草图是工程技术人员表达构思、拟定初步方案、现场记录、与客户交谈等方面的有力工具。因此，工程技术人员应熟练掌握徒手绘图的技能。

绘图时可选用钢笔、铅笔等工具。如果用铅笔，可选B型或2B型软些的铅笔，笔芯不要过尖，要圆滑些。钢笔可选出水顺畅、粗细均匀的类型。也可选用水笔或针管笔。

徒手作图同样有一定的作图要求，即布图、图线、比例、尺寸大致合理，但不潦草。

（1）直线的画法。要领：笔杆略向画线方向倾斜，执笔的手腕或小指轻靠纸面，眼睛略看直线终点以控制画线方向。画短线转动手腕即可，画长线可移动手臂画出。运笔及画法如图2-38所示。

（2）圆的画法（图2-39）。

（3）椭圆的画法。画椭圆时，先画出椭圆的长、短轴，具体画法步骤与徒手画圆的方法相同。

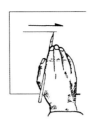
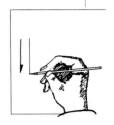

画水平线　　　　　画竖直线

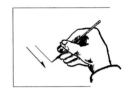

画斜线（由上向左下倾斜）画斜线（由上向右下倾斜）

图2-38　徒手画直线

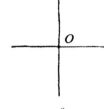

画出相互垂直的两直线，交点O为圆心。

a

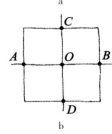

目测圆的直径，在两直线上取半径OA=OB=OC=OD。得点A、B、C、D，过点作相应直线的平行线，可得到正方形的线框，AB、CD为直径。

b

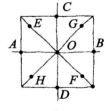

作出正方形的对角线，分别在对角线上截取OE=OF=OG=OH=OA（半径）。于是得到8个对称点。

c

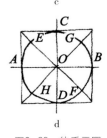

将点用圆弧连起来，即得到徒手画的圆。

d

图2-39　徒手画圆

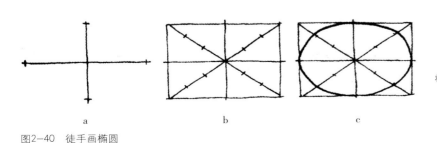

a　　　　　　　　b　　　　　　　　c

图2-40　徒手画椭圆

思考题

1. 图纸幅面的规格有哪几种？相互之间有什么关系？

2. 图线的种类有哪些？

3. 比例之间如何换算？

4. 尺寸标注有哪些要点？

5. 绘图的步骤是什么？绘图过程中工具如何配合使用？

（二）投影的基本知识

1. 投影的基本概念

（1）投影的方法和分类。在日常生活中，我们常看到这样的自然现象：当形体被阳光、月光或灯光照射时，在地面或墙壁上便会出现形体的影子。这就是投影的基本现象。人们通过长期的观察、实践和研究，找出了光线、形体及其影子之间的关系和规律，形成了现在较为科学的投影理论和方法。

在投影理论中，我们把承受影子的面（一般为平面）叫做投影面。

把经过形体与投影面相交的光线叫做投影线。

把按照投影法通过形体的投射线与投影面相交得到的图形，叫做该形体在投影面上的投影（图2-41）。

我们称这种将投射线通过形体，向选定的投影面投射，并在该面上得到图形的方法叫投影法。投影法通常分为中心投影法和平行投影法两类。

① 中心投影。如图2-42的影子是由中心点光源照射在投影面上所得到的影子。用这样的投影线得出的投影，被称为该形体的中心投影。像这样将所有的投射线都交汇于一点的投影方法被称为中心投影法。

可以看出，投影的大小会随投影中心或物体与投影面的远近而变化。可见中心投影法得到的投影一般不反映形体的真实大小，没

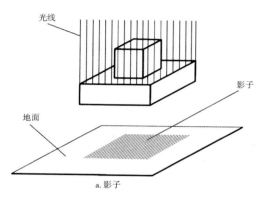

光线

影子

地面

a. 影子

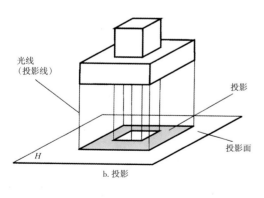

光线
（投影线）

投影

投影面

H

b. 投影

图2-41 投影与影子

有度量性。

② 平行投影。如图2-43,投影线相互平行,所有的投射线都相互平行的投影方法被称为平行投影法。在平行投影法中,由于投射线相互平行,若平行移动形体使形体与投影面的距离发生变化,则形体的投影形状和大小均不会改变,并且投影具有度量性。

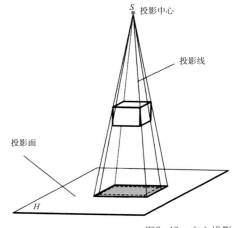

图2-42 中心投影

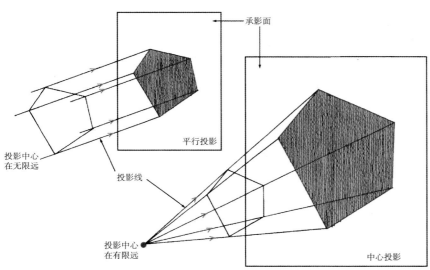

图2-43 平行投影与中心投影相比较

根据投影线与投影面所成的角度,可将投影分为斜投影和正投影(图2-44)。

正投影法:投射线相互平行且与投影面垂直的投影法。

斜投影法:投射线相互平行且与投影面倾斜的投影法。

(2)工程中常见的四种投影图。

① 正投影图。正投影图是采用正投影法得到的图形,如图2-45所示。正投影图的直观性不强,但能如实反映物体的形状和大小,便于度量和作图,能满足空间构成设计和施工的要求,是工程上主要采用的图纸类型。

② 轴测投影图。轴测投影图是采用斜投影法绘制出来的图,

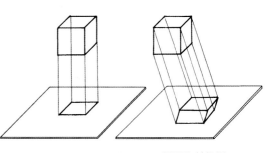

图2-44 正投影和斜投影

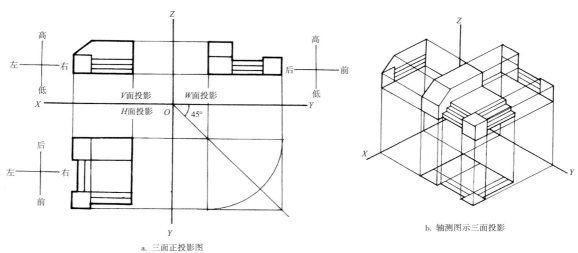

a. 三面正投影图

b. 轴测图示三面投影

图2-45　正投影图

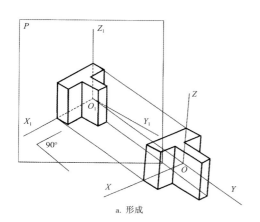

a. 形成

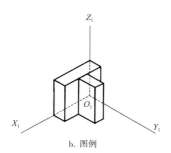

b. 图例

图2-46　轴测图投影图

如图2-46所示。轴测图富有立体感，直观性强，但不符合近大远小的透视习惯，常用作工程上的辅助性图样。

③　标高投影图。标高投影图是按照正投影法绘制的水平投影图，如图2-47所示。它是在形体的水平投影上，以数字标注出各处的高度来表达形体形状的一种图示方法，可以很好地表达地面的形状。

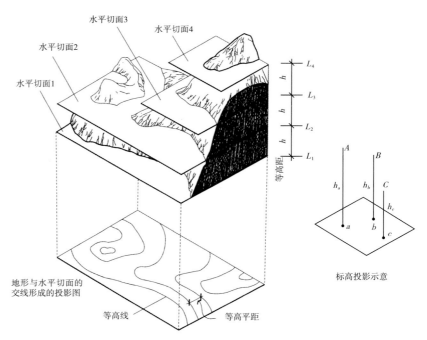

图2-47　标高投影图

以上三种方法都是按正投影法绘制的，在工程上被广泛使用。

④ 透视投影图（透视图）。透视投影图是按中心投影法绘制而成，如图2-48所示。透视图符合人的视觉习惯，形象逼真，富有立体感，当作图较麻烦，度量性差，常用于绘制设计后期阶段的效果图。

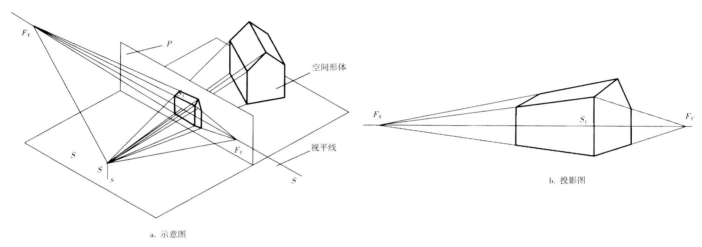

a. 示意图

b. 投影图

图2-48　透视投影图

2．正投影图的基本原理及绘制

（1）正投影的基本性质(表2-8)。

① 全等性。当空间直线或平面平行于投影面时，其在与之相平行的投影面上的投影反映直线的实长或平面的实形。我们称正投影的这种性质为全等性。

② 类似性。当空间直线或平面倾斜于投影面时，它在该投影面上的正投影仍为直线或与之类似的平面图形。其投影的长度变短或面积变小，这一性质为类似性。

③ 积聚性。当直线或平面垂直于投影面时，它在与之相垂直的投影面上的投影为一点或一条直线。我们称正投影的这种性质为积聚性。

表2-8　正投影图特性

	直线的正投影	平面的正投影
a 全等性	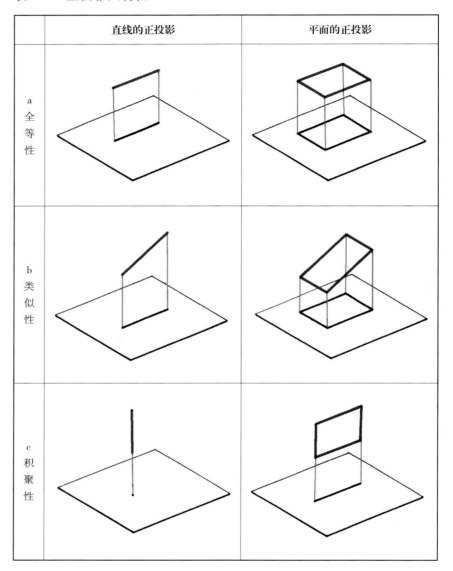	
b 类似性		
c 积聚性		

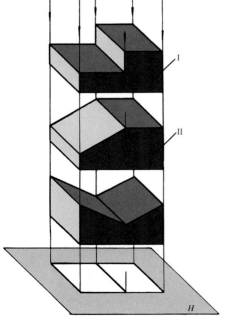

图2-49　不同形体能产生同一投影

（2）三视图的形成及投影规律。

① 三视图的形成。在制图过程中，如果只用一个方向的投影面是不能完整清晰地表达物体的形状和结构的。如图2-49所示，三个形体在同一个方向的投影完全相同，但三个形体的空间结构却不相同，可见只用一个方向的投影来表达形体形状是不行的。一般必须将形体向几个方向投影，才能完整清晰地表达出形体的形状和结构。

通常将物体放在三个互相垂直的平面上所组成的投影称为三面投影体系。如图2-50所示，三个投影面分别称为正立投影面（简称正投影面）V 面，水平投影面（简称水平面）H 面，侧面投影面（简称侧面）W 面。物体在三个面上产生的投影可分别称为正投影、水平投影、侧投影。

制图时，为了使处于空间中不同位置的三个投影面在同一平面上表现出来，如图所示，V 面保持不动，H 面向下沿 OX 轴翻转 90°，W 面向右侧沿 OZ 轴转 90°，这样 H 面和 W 面就和 V 面呈现在同一个面上，三视图就形成了。用三视图表现物体是工程制图的基本表现方法。

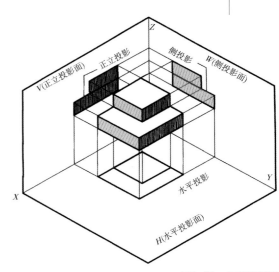

图2-50 三面投影图

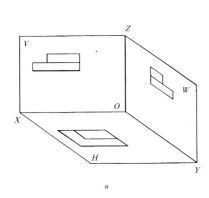

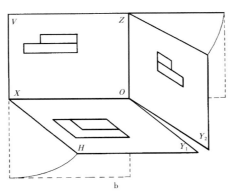

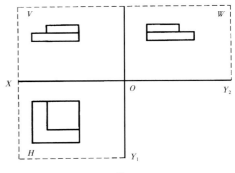

图2-51 三个投影面的展开

② 三视图的投影规律。

三等关系：正投影与侧投影等高；正投影与水平投影等长；水平投影与侧投影等宽。这一投影规律称为三等关系，即长对正，高齐平，宽相等（如图2-52）。

方位关系：正投影图反映物体的左右和上下的关系，不反映前后关系；水平投影图反映物体的前后和左右的关系，不反映上下关系；侧投影图反映物体的上下和前后的关系，不反映左右关系。

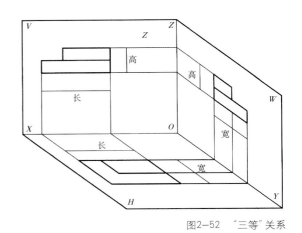

图2-52 "三等"关系

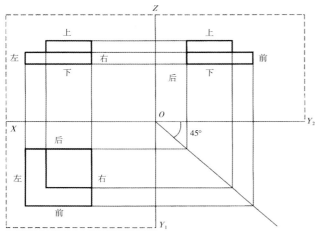

图2-53 三视图的画法

③ 三视图的画法。绘制三视图前要考虑清楚空间形体在三个投影面上的位置关系，画好投影轴，先画正投影或者水平投影，然后按照三等关系分别绘制三个投影。如图2-53所示，为反映出水平投影和侧面投影宽度相等的关系，作图时可以从O点作一条向右下斜45°线，然后在水平投影图上向右引水平线，交到45°线后向上引垂直线，这样就能把水平投影图中的宽度反映到侧投影图中去。

制图时，要求各投影图之间的相互关系正确，图形与轴线的距离可以灵活安排。在实际工程图中，一般不用画出投影轴，各投影图的位置也可以灵活安排。

3. 点、线、面的投影

（1）点的投影。

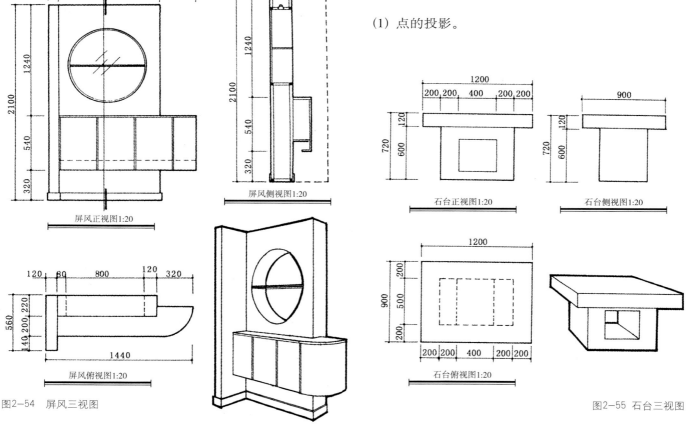

图2-54 屏风三视图

图2-55 石台三视图

① 点的投影规律。一个形体由多个侧面所围成，各侧面相交于各棱线，各棱线相交于各顶点。因此，点是形体的最基本元素。点、线、面的投影是形体的投影基础。

点在三面投影体系中的投影，如图2-56所示。可得出点的三面投影规律：

点的正面投影和水平投影的连线必然垂直于OX轴，即在同一铅垂线上。

点的正面投影和侧面投影的连线必然垂直于OZ轴，即在同一水平线上。

点的水平投影到OX轴的距离等于点的侧面投影到OZ轴的距离，都反映该点到V面的距离。

即为"长对正、高平齐、宽相等"。

建筑形体中点的投影，如图2-57所示。注意观察点的积聚性。

点位于三个投影面上的投影（如图2-58）。

【例1】已知点的两个投影，如图2-59a所示，求其第三个面上的投影。

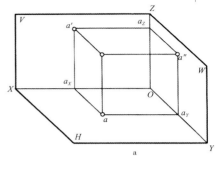

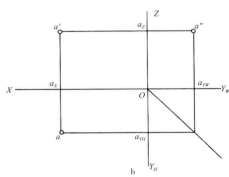

图2-56　点的三面投影

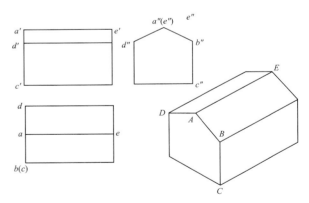

图2-57　建筑形体中点的投影

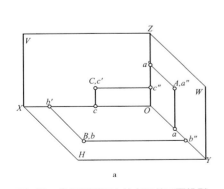

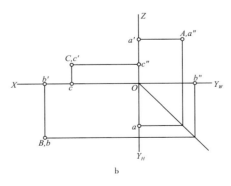

图2-58　位于投影面上的点及其三面投影

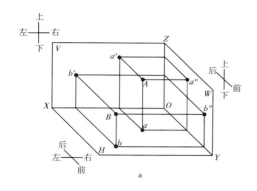

a

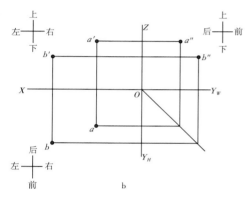

b

图2-60 不同位置的两个点

根据"长对正、高平齐、宽相等"的关系作图的方法如下。

方法一（图2-59b）：过a'作OZ的垂线。在所作的垂线上截取a"az=aax，即得所求的a"。

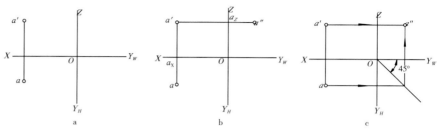

a   b   c

图2-59 求点的第三投影

方法二（图2-59c）：过a作水平线，与过O点的45°斜线相交，从交点引铅垂线，与过a'所作OZ轴的垂线相交，即为所求a"。

② 空间中两点的相对位置。空间中两点的相对位置，是指两点间的上下、左右和前后的关系，从图2-60中可以看出A点在B点的右上方，在三视图中学会判断两点之间的相对位置对于各类形体的识读和绘制十分重要。

空间中的两点在其中一个投影面上重合，称为该投影面的重影点。重影点的投影及特性见表2-9。

表2-9 重影点

	H面的重影点	V面的重影点	W面的重影点
直观图			
投影图			

判断重影点的可见性，需先根据其他投影判断它们的位置关系，然后按照投影方向来判断。形体中点的重影见图2-61。

(2) 直线的投影。求作直线的投影时，只要作出直线上两点的投影，再把两点在同一投影面上的投影作连线即可。对于投影面而言，形体上的直线有各种不同的位置，有的垂直于投影面，有的平行于投影面，有的不平行于任何投影面。因此，直线的投影位置可分为投影面垂直线、投影面平行线和一般位置直线三种。

① 投影面垂直线。直线和一个投影面垂直叫做投影面垂直线。投影面垂直线必定平行于其他两个投影面。投影面垂直线的直观图、投影图、投影特性见表2-10。

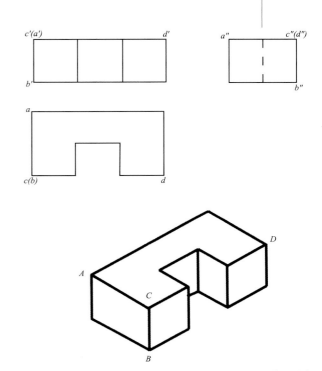

图2-61　形体中的重影点

表2-10　投影面垂直线

名称	立体图	投影图	投影特性
铅垂线 （⊥H）			1. H投影a(b)积聚为一点； 2. V和W投影均平行于OZ轴，且都反映实长，即$a'b'//OZ$，$a''b''//OZ$，$a'b'=a''b''=AB$。
正垂线 （⊥V）			1. V投影d'(c')积聚为一点； 2. H和W投影均平行于OY轴，且都反映实长，即$cd//OYH$，$c''d''//OYW$，$cd=c''d''=CD$。
侧垂线 （⊥H）			1. W投影e''(f'')积聚为一点； 2. H和V投影均平行于OX轴，且都反映实长，即$ef//OX$，$e'f''//OX$，$ef=e'f'=EF$。

空间位置：投影面垂直线垂直于某一投影面，因而平行于另外两个投影面。

投影特点：投影面垂直线在它所垂直的投影面上的投影积聚为一点。投影面垂直线在与它所平行的投影面上的投影为该直线的实际长度。

读图要点：一直线只要有一个投影积聚为一点，它必然是一条投影面垂直线，并垂直于积聚投影所在的投影面。

② 投影面平行线。直线和一个投影面平行，和其他两个投影面倾斜叫做投影面平行线。投影面平行线的直观图、投影图、投影特性见表2-11，表中直线与H、V、W面形成的倾角分别用α、β、γ表示。

表2-11 投影面平行线

名称	立体图	投影图	投影特性
正平线 (///V)			1. $ab//OX$而水平，$a''b''//OZ$而铅直； 2. $a'b'$倾斜且反映实长； 3. $a'b'$与OX轴夹角即为α，$a'b'$与OZ轴夹角即为γ。
水平线 (///H)			1. $c'd'//OX$，$c''d''//OZ$； 2. cd倾斜且反映实长； 3. cd与OX轴夹角即为β，cd与OY_H轴夹角即为γ。
侧平线 (///W)			1. $e'f'//OZ$，$ef//OY_H$； 2. $e''f''$倾斜且反映实长； 3. $e''f''$与OY_W轴夹角即为α，$e''f''$与OZ轴夹角即为β。

空间位置：投影面平行线平行于某一投影面，但与其他两个投影面相倾斜。

投影特点：投影面平行线在它所平行的投影面上的投影是倾斜的，同时反映实际长度。但在其他两个投影面的投影是缩短的，不反映实长。

读图要点：一直线如果有一个投影平行于投影轴而另有一个投影倾斜时，它就是一条投影面平行线，平行于该倾斜投影所在的投影面。

③ 一般位置直线。和三个投影面都倾斜的直线称为一般位置直线，简称一般线。其投影如图2-62。

空间位置：一般线对三个投影面都相倾斜。

投影特点：一般线的三个投影都和投影轴相倾斜，三个投影的长度都小于线段的实长。

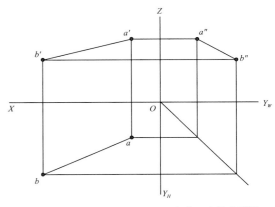

图2-62 一般位置直线的投影

读图：一直线只要有两个投影面是倾斜的，它一定是一般线。

(3) 面的投影。按平面与投影面的相对位置不同，平面也有三种位置：投影面平行面、投影面垂直面、一般位置平面。

① 投影面垂直面。与一个投影面垂直，与另外两个投影面相倾斜的平面叫投影面垂直面。其直观图、投影图和投影特性见表2-12。表中投影面垂直面与H、V、W面形成的倾角分别用α、β、γ表示。

空间位置：投影面垂直面垂直于一个投影面，而与另外两个投影面相倾斜。

投影特点：投影面垂直面在它所垂直的投影面上的投影，积聚为一条斜线。这个积聚投影与投影轴的夹角，反映该投影面垂直面对其他两个投影面的实际倾角。投影面垂直面的非积聚投影都比实形小，但与原平面图形形状相似。

表2-12   投影面垂直面

名称	立体图	投影图	投影特性
铅垂面 （⊥H）	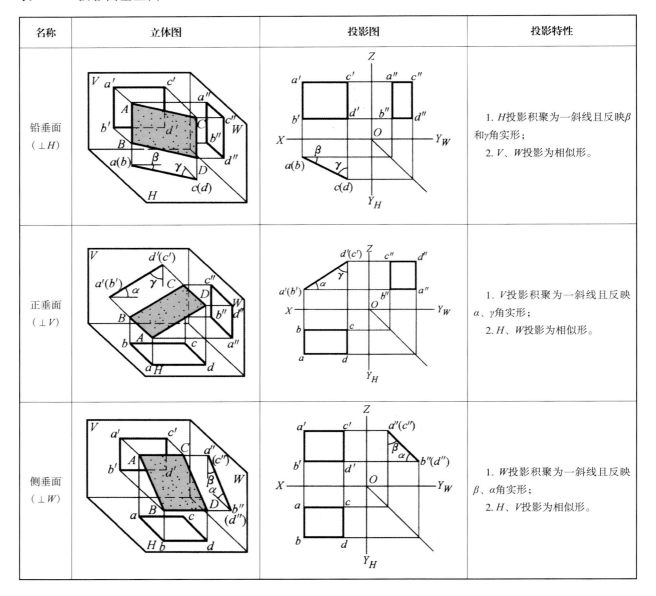		1. H投影积聚为一斜线且反映β和γ角实形； 2. V、W投影为相似形。
正垂面 （⊥V）			1. V投影积聚为一斜线且反映α、γ角实形； 2. H、W投影为相似形。
侧垂面 （⊥W）			1. W投影积聚为一斜线且反映β、α角实形； 2. H、V投影为相似形。

　　读图要点：一个平面只要有一个投影积聚为一条直线，它必然是投影面垂直

面，垂直于积聚投影所在的投影面。

　　②　投影面平行面。与一个投影面平行的平面叫作投影面平行面，它必然与

另外两个投影面垂直。投影面平行面的直观图、投影图和投影特性见表2-13。

　　空间位置：投影面平行面平行于一个投影面，因而垂直于其他两个投影面。

　　投影特点：投影面平行面在它所平行的投影面上的投影，反映该图形的实

表2-13　投影面平行面

名称	立体图	投影图	投影特性
水平面 (//H)	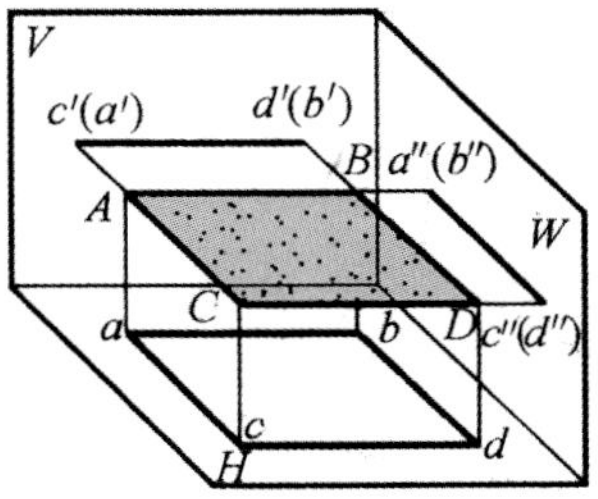	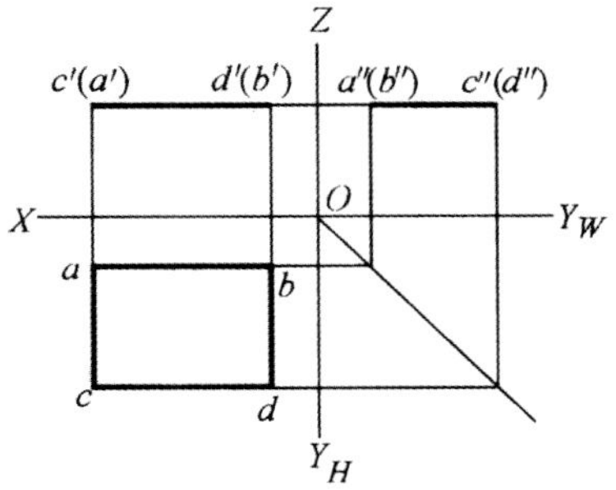	1. H投影反映实形； 2. V投影积聚为平行于OX的直线段； 3. W投影积聚为平行于OY_W的直线段。
正平面 (//V)	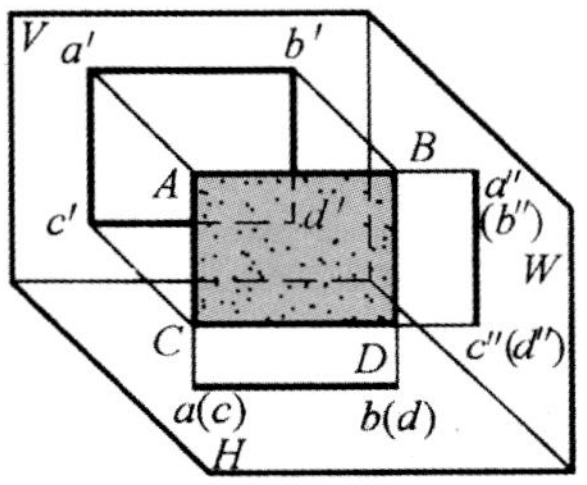	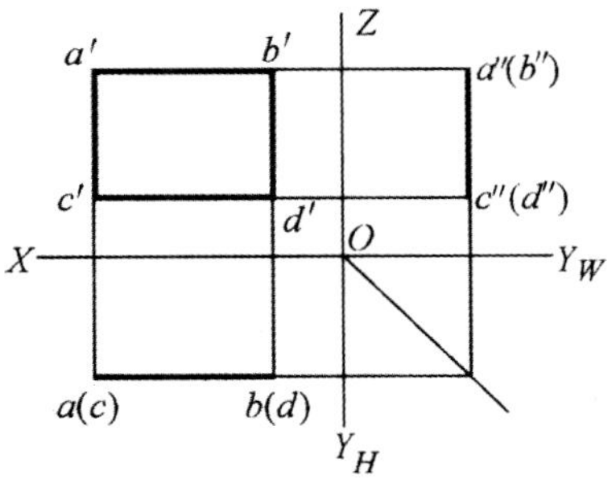	1. V投影反映实形； 2. H投影积聚为平行于OX的直线段； 3. W投影积聚为平行于OZ的直线段。
侧平面 (//W)	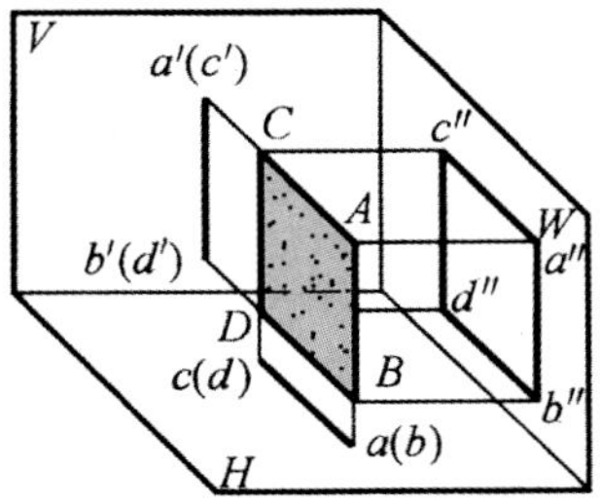	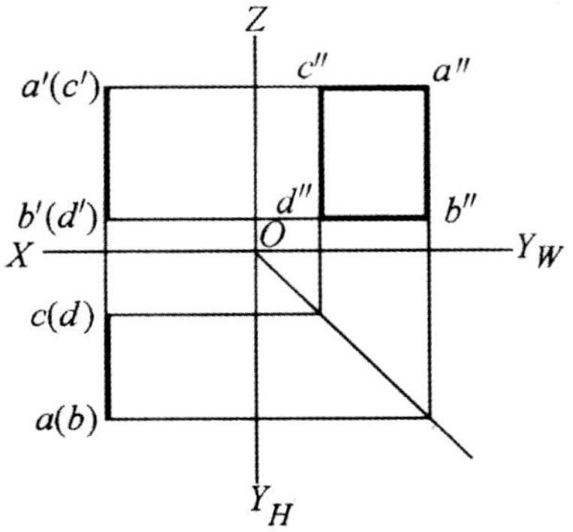	1. W投影反映实形； 2. H投影积聚为平行于OY_H的直线段； 3. V投影积聚为平行于OZ的直线段。

形。它又同时垂直于其他两个投影面，积聚为一条直线，且平行于投影轴。

读图要点：一平面只要有一个投影积聚为一条平行于投影轴的直线，该平面就是投影面平行线。而因一个非积聚的投影则反映该平面图形的实形。

③　一般位置平面。与三个投影面都相倾斜的平面叫一般位置平面，简称一般面，其投影如图2-63。

空间位置：一般面与三个投影面都相倾斜。

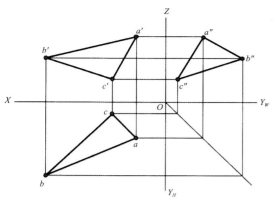

图2-63　一般位置平面

投影特点：一般面的三个投影都不积聚，也不反映实形，但都与原平面形状相似，比原平面实形小。

读图要点：一平面的三个投影如果都是平面图形，它必然是一般面。

4. 基本形体的投影

常见的基本形体分两类：平面体和曲面体（如图2-64所示）。在工程制图中，常见的的平面图包括正方体、棱柱、棱锥和棱台，基本曲面体包括圆柱、圆锥、圆台和球。

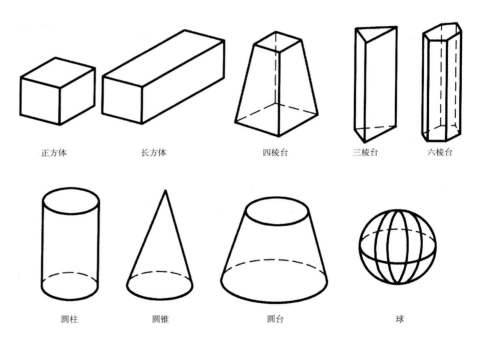

正方体　　　　长方体　　　　四棱台　　　三棱台　六棱台

圆柱　　　　圆锥　　　　圆台　　　　球

图2-64　常见基本形体

（1）棱柱。棱柱由上、下底面和若干棱面围合而成，上、下底面的大小相同且平行，其余的面为棱面，相邻两个棱面的交线称为棱线，各棱线相互平行。常见的棱柱有三棱柱、四棱柱、五棱柱、六棱柱等。现以正六棱柱为例，分析三面投影的绘制。作图步骤如下：

①　先从最能反映形体特征、并且最能反映形体表面实形的

投影作起。因此，棱柱的投影面先从H面画起（如图2-65b）。

② 按照"长对正"作出其正面投影；按照"高齐平"、
"宽相等"作出侧面投影（如图2-65c）。

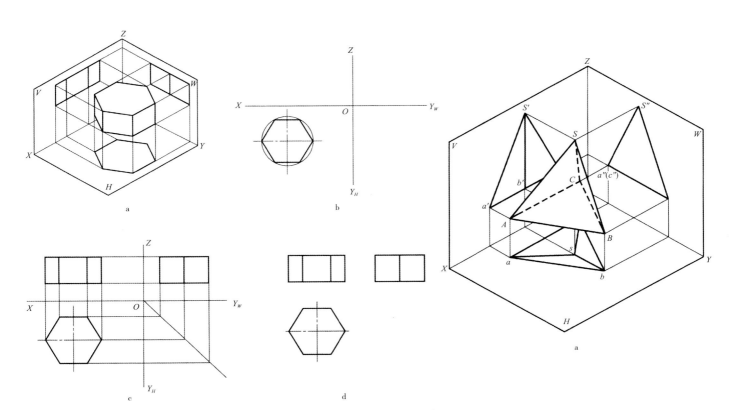

图2-65　正六棱柱的投影

（2）棱锥。棱锥是由一个底面和若干棱面围成，各棱面相交
于一个点即锥顶。常见的棱锥有正三棱锥、正四棱锥、正六棱锥
等。现以正三棱锥为例说明棱锥投影的绘制。作图步骤如下：

① 先从最能反映形体特征、并且最能反映形体表面实形的
投影作起。因此，棱锥的投影面先从H面画起（如图2-66a）。

② 按照"长对正"作出其正面投影；按照"高齐平"、"宽
相等"作出侧面投影（如图2-66b）。

在绘图过程要注意：作正三棱锥的侧面投影很容易出现错
误。其侧面投影不是等腰三角形，中间也没有一条竖线。

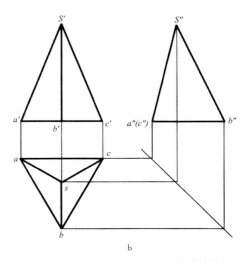

图2-66　正三棱锥的投影

图2-67为其他常见的棱锥的投影，分别为四棱锥、五棱锥和六棱锥的投影。

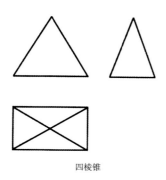

四棱锥　　　　　正五棱锥　　　　　正六棱锥

图2-67　常见棱锥投影

（3）圆柱。圆柱是由圆柱面和上、下底面围成的。作图步骤如下：

① 先作出其H面上的投影，为一圆形。

② 按照"长对正"作出其正面投影,此时外轮廓线是圆柱面上最左和最右的两条线。

③ 按照"高齐平"、"宽相等"作出侧面投影,此时外轮廓线是圆柱面上最前和最后的两条线，如图2-68b所示。

（4）圆锥。圆锥由圆锥面和底面围成。圆锥面是由直线SA绕与母线相交的轴线旋转一周形成的曲面。作图步骤如下：

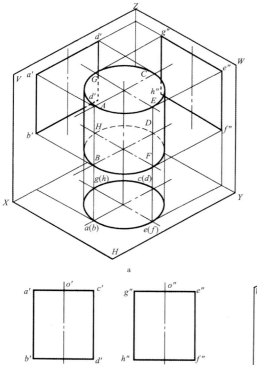

图2-68　圆柱的投影

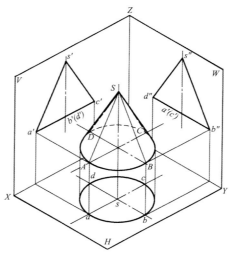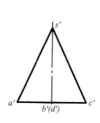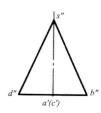

图2-69　圆锥的投影

① 先作出其*H*面上的投影，为一圆形。

② 按照"长对正"及圆锥的高度作出其底面的积聚投影及锥顶的正面投影，连线成等腰三角形。此时的外轮廓线是圆锥面上最左和最右的两条线。

③ 按照"高齐平"、"宽相等"作出侧面投影，此时外轮廓线是圆锥面上最前和最后的两条线，如图2−69b所示。

（5）球。作球的投影时，由于球体的特殊性，球的摆放位置不影响投影图。球面包含三个特殊位置圆，即最大的水平圆*A*，最大的正平圆*B*，最大的侧平圆*C*，如图2−70所示。三面投影均为圆，大小相同，直径等于球的直径。

作图时按"三等关系"画出对称中心线，再以球的直径为直径画出三面投影，均为圆。

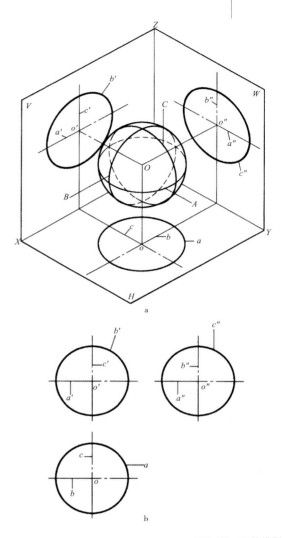

5. 组合形体的投影

组合体是由若干个简单的基本几何形体经过叠加、切割、混合等方式组成的形体。

（1）组合体的构成。在绘制组合体的投影时，可将组合体分解成若干简单形体，并分析各形体之间的组成形式和之间的相对位置关系，这种方法称为形体分析法。运用此法绘制和识读组合体的投影图，可以加深对该组合体的形体构成的特性认识。

运用这种方法时，必须保持整体的概念，即形体实质上是不能分割的，要特别注意分割前后产生的变化，这一点主要表现在相邻基本形体的衔接表面上。为了避免组合处的投影出现多线或漏线的错误，对于基本形体在组合处的投影，一般从下面四种情况进行分析：

当两部分叠加时，对齐面组合处，投影图表面无线（图2−71a）。

图2−70　圆的投影

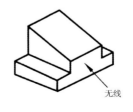
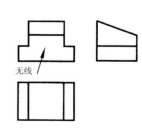

图2−71　组合体线面分析

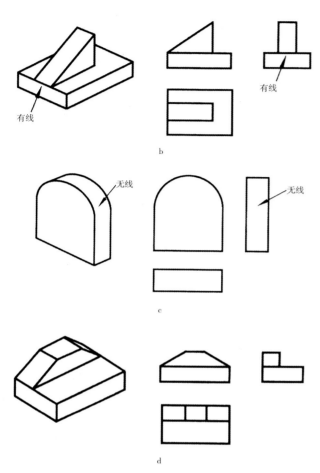

有线

有线

b

无线

无线

c

d

图2-71 组合体线面分析

当两部分叠加时，虽然对齐但不共面时，投影图组合处表面有线（图2-71b）。

当组合处两表面相切时，由于相切是光滑过渡，所以投影图组合处表面无线（图2-71c）。

当两基本形体的相邻表面相交不共面时，在相交处产生的交线，均应按投影规律绘制（图2-71d）。

(2) 组合体的投影画法。

画法步骤：

① 进行形体分析，弄清组合体的各基本形状及其特征。

② 进行投影分析，确定投影方案。

③ 根据形体的大小及复杂程度，确定图样的比例和图纸的幅面，并定出各投影的位置。

④ 画组合体的三面投影图。根据投影规律，画出三面投影图。一般按先主（主要形体）后次（次要形体）、先大（大形体）后小（小形体）、先实（主要形体）后空（漏空或挖去的部分）、先外（外轮廓）后里（立面的细部）的顺序作图。同时，要三个投影对照起来画。

⑤ 检查是否正确，按规定加深图线。

【例2】当形体是由几个基本形体叠加而成时，绘制时先按叠加顺序逐个画出基本形体的投影图，然后按形体造型擦去不存在的分界线，区分出不可见的轮廓线，最后加深图线。如图2-72为沙发投影图的作图过程。

【例3】当形体是由一基本形体经过裁切而成时，

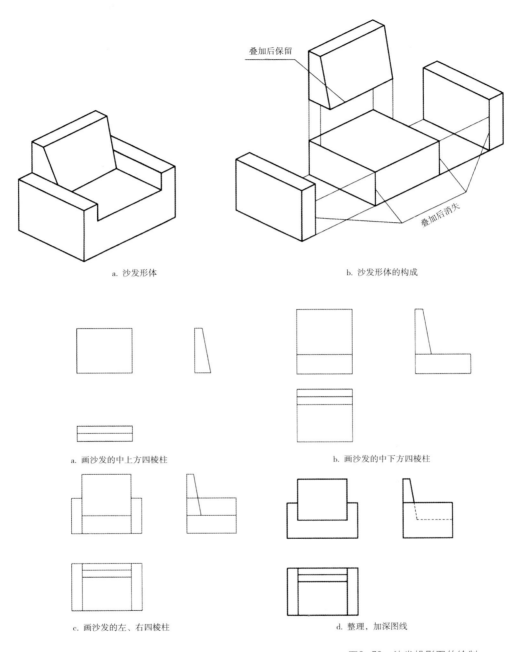

a. 沙发形体

b. 沙发形体的构成

叠加后保留

叠加后消失

a. 画沙发的中上方四棱柱

b. 画沙发的中下方四棱柱

c. 画沙发的左、右四棱柱

d. 整理，加深图线

图2-72　沙发投影图的绘制

　　应先画出基本形体的投影图，然后按裁切顺序画出裁切后的新表面的投影，以及擦去因裁切而消失的轮廓线的投影。一般先画由投影面平行面、投影面垂直面裁切形成的表面，作投影图时先画出其积聚投影，再画反映实形的投影，如图2-73。

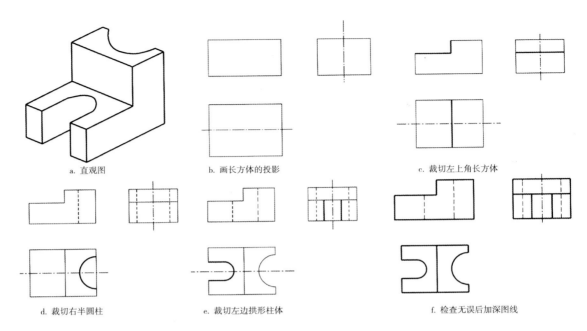

a. 直观图　　　　　　b. 画长方体的投影　　　　　　c. 裁切左上角长方体

d. 裁切右半圆柱　　　　　e. 裁切左边拱形柱体　　　　　f. 检查无误后加深图线

图2-73　按裁切过程画形体的投影图

【例4】简单建筑体的三面投影。

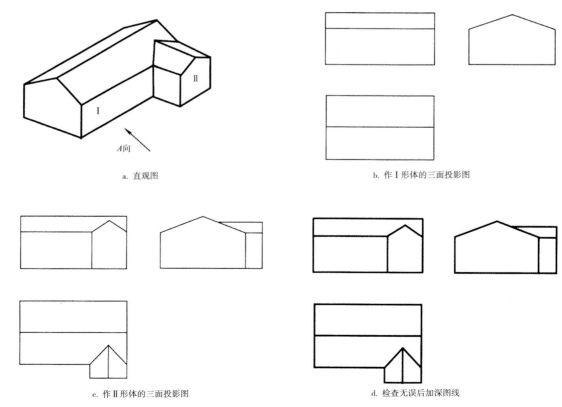

a. 直观图　　　　　　　　　　　b. 作Ⅰ形体的三面投影图

c. 作Ⅱ形体的三面投影图　　　　　　d. 检查无误后加深图线

图2-74　建筑体三面投影

（3）组合体的尺寸标注。组合体各部分的真实大小及相对位置，要通过尺寸标注来明示，尺寸是施工时的法定依据。组合体的尺寸标注应做到正确、完整、清晰。尺寸标注要规范、齐全、排列分明、便于识读。组合体的尺寸有三种：

定形尺寸：确定组合体中各基本几何体大小的尺寸。图2-75为简单形体的定形尺寸。

定位尺寸：确定组合体中各基本几何体之间相对位置的尺寸。

总体尺寸：表明组合体的总长、总宽、总高的尺寸。

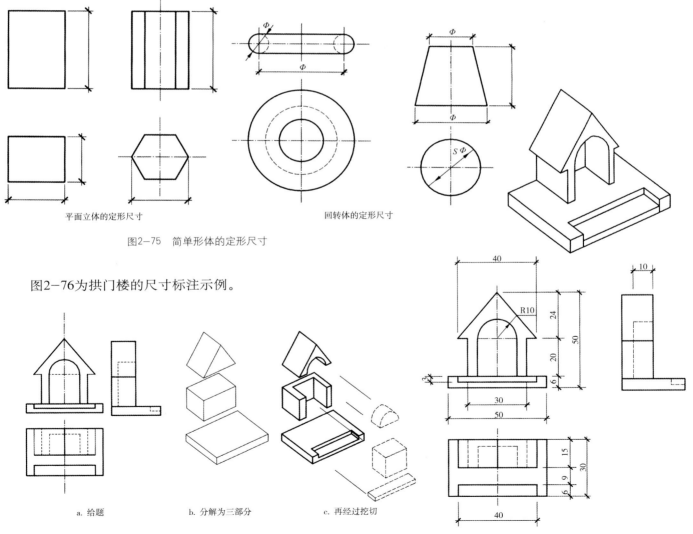

平面立体的定形尺寸　　回转体的定形尺寸

图2-75　简单形体的定形尺寸

图2-76为拱门楼的尺寸标注示例。

a. 给题　　b. 分解为三部分　　c. 再经过挖切

图2-76　拱门楼的尺寸标注

6．形体的剖面图

（1）剖面图的产生。在三视图中，形体内部的不可见轮廓线只能用虚线绘制，虚、实线往往会产生相交，难以识读和作尺寸标注，如图2-77所示。为了准确表达形体，我们在制图时用一个假想的平面将形体剖开，让它的内部结构显露出来，然后用实线画出内部构造的投影图，我们把这种投影图称为剖面图。

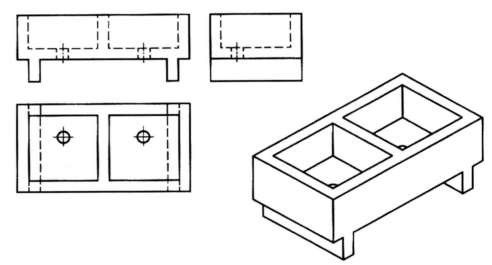

图2-77　带虚线的三视图和轴测图

图2-78和图2-79为两个不同方向的剖面图的形成。

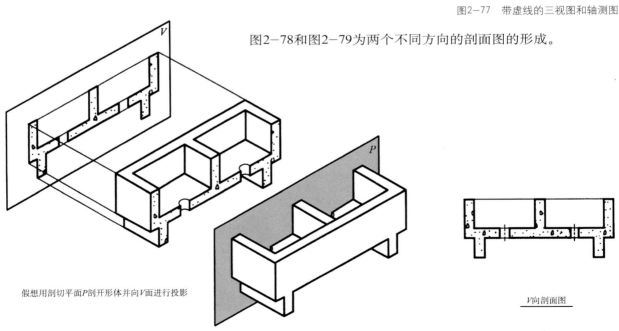

假想用剖切平面P剖开形体并向V面进行投影

V向剖面图

a

b

图2-78　V向剖面图的形成

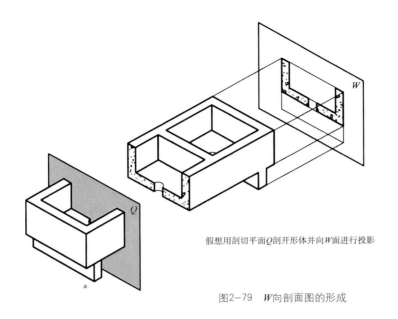 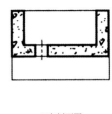

假想用剖切平面Q剖开形体并向W面进行投影

W向剖面图

b

a

图2-79　W向剖面图的形成

（2）剖面图的剖切符号。从图2-78、图2-79可以得出，剖切平面位置不同或者投影方向不同，所得到的剖面图也不同。因此，形体的平面图中需要用剖切符号来表示，同时要加上编号。

剖切位置线：表示平面上的剖切位置，为剖切平面的积聚投影，一般用两段长6～10mm的粗实线表示。

剖视方向线：用垂直于剖切位置线的粗实线表示，长4～6mm，如果画在剖切位置线的左边则表示向左进行投影，在剖切位置线的上边就是向上进行投影。

编号：可采用阿拉伯数字来进行，注在剖视方向线的端部。

绘制时，剖切符号不应与平面图上的其他图线相接触。需要转折的剖切位置线，应在转角的外侧加注与该符号相同的编号。剖切符号的具体画法如图2-80所示。

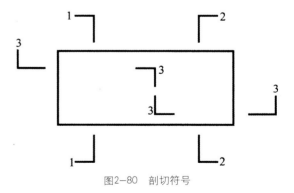

图2-80　剖切符号

（3）剖面图的绘制步骤。

① 确定剖切位置，假想剖开形体。

② 按投影方向，画出往剖视方向看过去的剩余形体投影。

③ 在断面内画出材料图例。

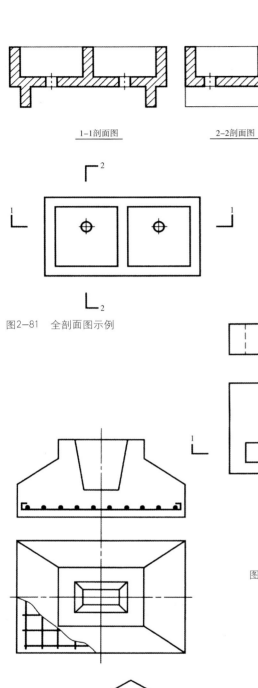

1-1剖面图　　　　2-2剖面图

图2-81　全剖面图示例

图2-83　局部剖面

④ 标注剖面图的编号。

（4）剖面图的类型。

① 全剖面。用一个假想的剖切平面将形体全部剖开，然后画出该形体的剖面图，我们把这种剖面图称为全剖面。如图2-81中的1-1和2-2剖面。

② 阶梯剖面。如果一个剖切平面不能将形体内部的构造同时剖开，可将剖切平面转折成两个互相平行的平面，如图2-82中用P_1、P_2两个平面，将形体沿着需要表达的地方剖开，然后画出剖面图，即是阶梯剖面。

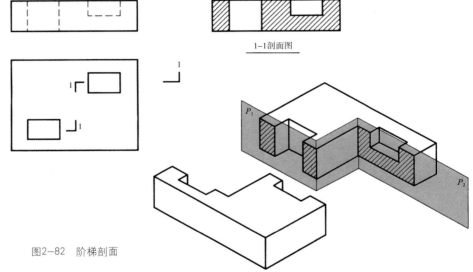

1-1剖面图

图2-82　阶梯剖面

③ 局部剖面。当形体的外形比较复杂，完全剖开后无法清除表示其外形时，可保留原投影的大部分，而只将局部地方画成剖面图，我们称这种剖面图为局部剖面图。如图2-83,投影图与局部剖面之间，用波浪线分界。

④ 半剖面。当形体左右对称或前后对称，而外形又比较复杂时，可以画出由半个外形是正投影图和半个剖面图拼成的图形，以同时表示形体的外形和内部构造，我们称这种剖面图称为半剖面图，如图2-84所示。

⑤ 展开剖面。当两个相交的剖切平面剖切形体后，将其展开在同一投影面的平行面上进行投影，所得的剖面图我们称之为展开剖面图。用此法剖切时，应在图名后注明"展开"字样（图2-85）。

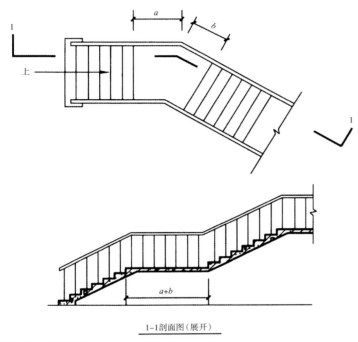

1-1剖面图（展开）

图2-85　展开剖面

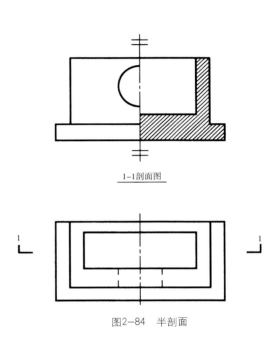

1-1剖面图

图2-84　半剖面

思考题

1．平行投影有哪些特性？

2．三等关系在投影图中是如何反映的？

3．点、线、面投影有哪些基本规律？

4．形体中的点、线、面应如何识读？

5．基本形体和组合体是如何作投影图的？

6．形体的剖面图是如何绘制的？

（三）轴测投影图的基本知识

轴测图是由平行投影产生的具有立体感的视图，立体感强，比三视图更加直观、形象，但不能准确地反映物体的真实形状和比例尺寸。轴测图可以用来推敲设计造型、了解空间构成，还可以用来表现方案或代替透视鸟瞰图，是一种有力度的设计表现方法。

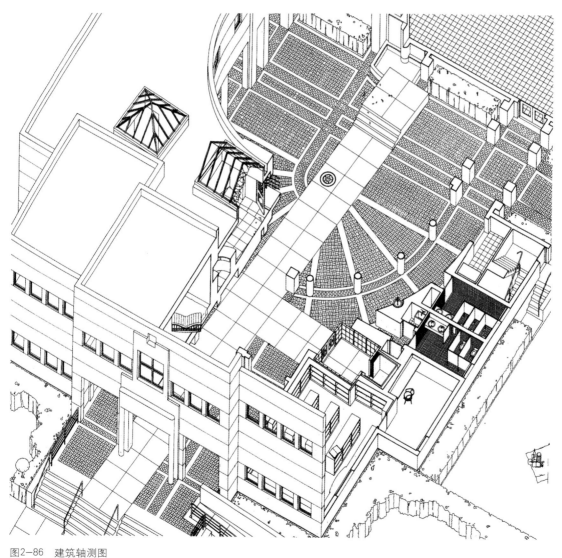

图2—86　建筑轴测图

1. 轴测图的形成

轴测投影图是根据平行投影的原理，把物体连同三个坐标轴一起投射到一个投影面上所得到的单面投影图，简称轴测图。它在一个图上同时表示物体长、宽、高三个方向的形状和大小，图形有立体感，容易看懂，但不能准确反映形体各部分的真实形状和大小，如图2-87所示。因此，轴测图在工程图中只能当做辅助图样。

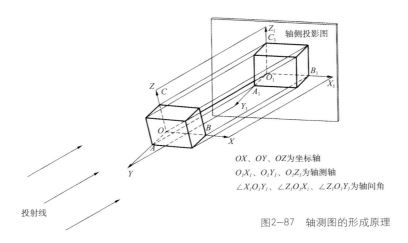

OX、OY、OZ为坐标轴
O_1X_1、O_1Y_1、O_1Z_1为轴测轴
$\angle X_1O_1Y_1$、$\angle Z_1O_1X_1$、$\angle Z_1O_1Y_1$为轴间角

图2-87　轴测图的形成原理

绘制轴测图常用的方法有两种：

正轴测：将物体三个方向的面及其三个坐标轴与投影面相倾斜，投影线垂直投影面所得到的即是轴测图。

斜轴测：将物体一个方向的面及其两个坐标轴与轴测投影面平行，投影线与轴测投影面斜交所得的即是轴测图（图2-88）。

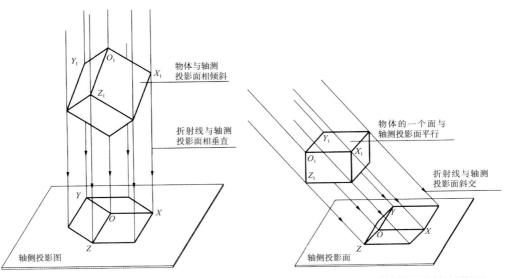

图2-88　正轴测投影和斜轴测投影

2．轴测图的特点

（1）投影时，形体位于一空间直角坐标内，它的长、宽、高方向分别与相应坐标轴平行。

（2）采用平行投影法，但投影方向不与任何坐标轴平行。

（3）轴测轴上的线段与坐标轴上对应线段长度之比，称为轴向变形系数。

X轴向变形系数　　　$p=O_1B_1/OB$

Y轴向变形系数　　　$q=O_1A_1/OA$

Z轴向变形系数　　　$r=O_1C_1/OC$

（4）轴测投影具有平行投影的全部投影特性，而最基本的作图依据是下面两条平行投影的基本规律。

平行性：平行二直线的轴测投影相互平行。由此得出：凡与坐标轴平行的直线，其轴测投影与相应的轴测轴平行。

定比性：平行二直线段或一直线上的两线段长度的比值等于其轴测投影长度的比值。由此得出凡与坐标轴平行的线段具有相同的轴向变形系数。

3．轴测图的分类

按投影线与投影面的相互位置分为：

正轴测投影：投影线垂直于投影面

斜轴测投影：投影线倾斜于投影面

由轴向变形系数的相互关系分为：

正（或斜）等测投影：三个轴向变形系数相同，即$p=q=r$。

正（或斜）二等测投影：两个轴向变形系数相同，即$p=q\neq r$，$p=r\neq q$，$r=q\neq p$。

正（或斜）三测投影：三个轴向变形系数不相同，即$p\neq q\neq r$。

考虑图形的立体感和作图方便，建筑工程中经常采用的轴测投影有正等测投影、正面斜等（或二）测投影和水平斜等测投影。

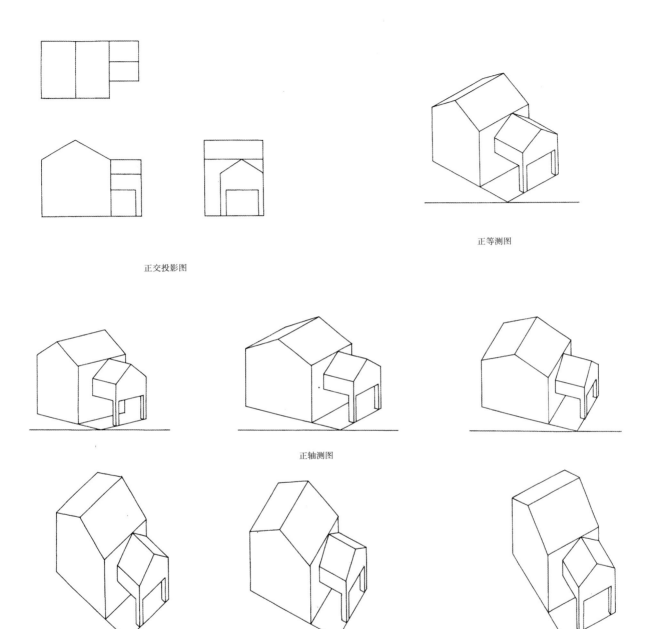

正等测图

正交投影图

正轴测图

斜轴测图

图2-89　各类轴测图示例

4. 正等测投影

正等测投影的投影过程是投影线垂直于投影面，三根坐标轴对投影的倾角相等，因而三个轴向变形系数相等。根据反映正等测投影的几何关系方程式的运算结果，得出其轴向变形系数为：$p=q=r=0.82$；轴间角$\angle X_1O_1Z_1 = \angle X_1O_1Y_1 = \angle Y_1O_1Z_1 = 120°$。为了作图方便，通常将$O_1Z_1$画成图纸上的竖直线，而$O_1X_1$和$O_1Y_1$轴则与水平线成30°，如图2-90所示。在投影时，取Z方向为物体的高度方向。

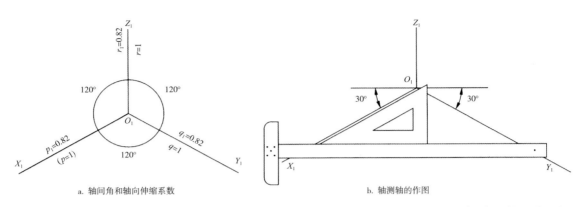

a. 轴间角和轴向伸缩系数　　　　　　　　　b. 轴测轴的作图

图2-90　正等轴测图的轴测轴及其画法

作图时，可将轴向系数简化，把变形系数0.82简化为1，即$p=q=r=1$。平行于轴测轴的线段，可直接按实物上相应线段的实际长度量取，不必换算。图2-91为根据高低柜的两面投影画出的正等轴测图的过程。

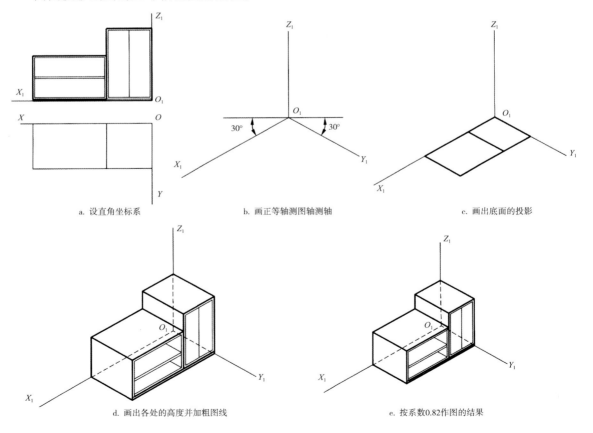

a. 设直角坐标系　　　　b. 画正等轴测图轴测轴　　　　c. 画出底面的投影

d. 画出各处的高度并加粗图线　　　　　　e. 按系数0.82作图的结果

图2-91　高低柜的正等轴测图

图2-92a所示为沙发的三面投影。作图时，可选定直角坐标原点O的位置处在沙发底面的左前方，这时画出正等轴测图的三根轴测坐标轴，如图2-92b所示。同样按轴向测量沙发的X、Y坐标值，便可画出沙发在水平面上的投影，如图2-92c所示。最后逐一画出沙发各个部位的高度，加深可见轮廓，可得沙发的正等轴测图，如图2-92d所示。

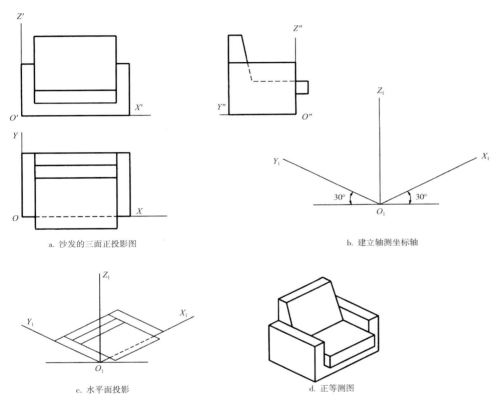

a. 沙发的三面正投影图

b. 建立轴测坐标轴

c. 水平面投影

d. 正等测图

图2-92 沙发的正等轴测图绘制

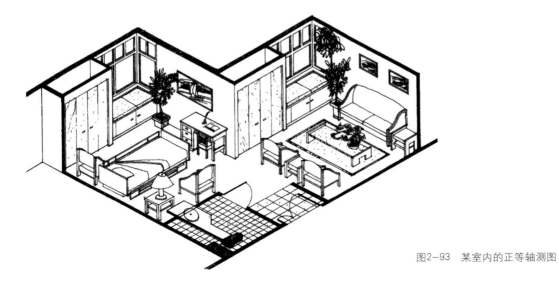

图2-93 某室内的正等轴测图

5．斜轴测投影

（1）正面斜轴测投影。画正面斜轴测图时，一般将O_1Z_1画成垂直线，O_1X_1画成水平线，将用丁字尺配合三角板O_1Y_1轴画成与水平线成45°（或30°、60°）角。画台阶的正面斜轴测投影图，作图的第一步，建立坐标体系；第二步，沿既定坐标轴画出与台阶侧面投影一样的图形；第三步，沿O_1Y_1轴向画一系列的平行线，并按$q=1$截取台阶的实际长度。最后画出台阶表面的可见轮廓，加深图线，完成作图，如图2-94所示。

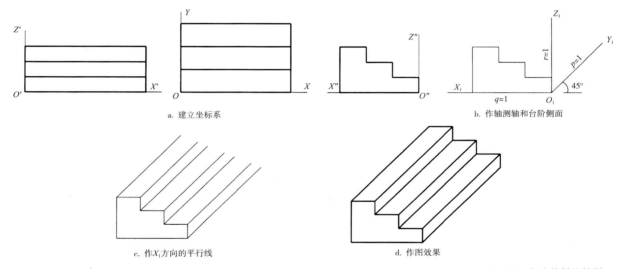

a．建立坐标系   b．作轴测轴和台阶侧面

c．作X_1方向的平行线   d．作图效果

图2-94　台阶的斜等轴测

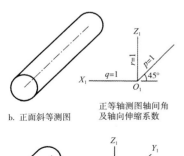

a．投影图

b．正面斜等测图

正等轴测图轴间角及轴向伸缩系数

c．正面斜二测图

正面斜二测图轴间角及轴向伸缩系数

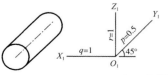

图2-95　圆柱的正面斜等轴测图和正面斜二轴测图的比较

建筑工程制图中除采用正面斜等轴测投影外，还采用正面斜二测投影（简称正面斜二测图），它们之间唯一的差别是：前者的Y轴向变形系数为1，后者为0.5。当物体的Y向长度较大时，正面斜二测图的立体感比较好，从图2-95可观察两种正面斜轴测图之间的差别。

图2-96为某一构件不同角度（轴线与水平线的夹角）的正面斜轴测图。在绘制不同的图形前可根据表达需要，考虑好坐标轴的投射方向再作图。

（2）水平斜轴测投影。水平斜轴测投影的主要特点是坐标轴X、Y，即坐标面XOY平行于轴测投影面，投影线与投影面相倾斜，如图2-97所示。它具备以下投影特性：

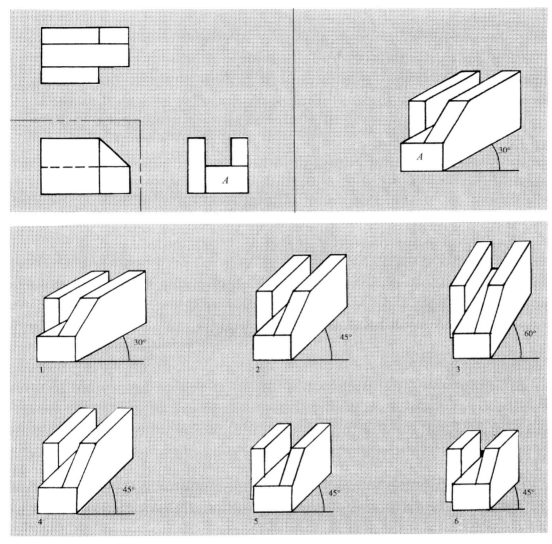

图2-96　不同角度的正面斜轴测图

① 与XOY坐标面平行的平面图形，其投影反映实形；

② 若X、Y轴向变形系数为1，则Z轴向变形系数随投影线对投影面的倾角不同而不同，可大于、小于或等于1；

③ 轴间角除$\angle X_1O_1Y_1 = 90°$外，$\angle X_1O_1Z_1$、$\angle Y_1O_1Z_1$同样随着投影线对投影面的倾角而变化。

在建筑工程中，水平轴测图常用来表达一个地区的建筑群的布局与绿化、交通情况，为了使图形具有较强的立体感和作图方便，取Z轴向变形系数为1，称为水平斜等测图。作图时，O_1Z_1轴为竖直线，而O_1X_1和O_1Y_1轴与水平线夹角分别为30°和60°（图2-97）。

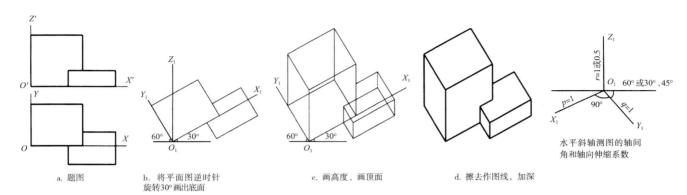

a. 题图　　b. 将平面图逆时针旋转30°画出底面　　c. 画高度、画顶面　　d. 擦去作图线，加深

水平斜轴测图的轴间角和轴向伸缩系数

图2-97　由给出的投影图作水平斜等测图

图2-98所示为房屋被水平面剖切后，房屋的下半部分被画成水平斜轴测图。

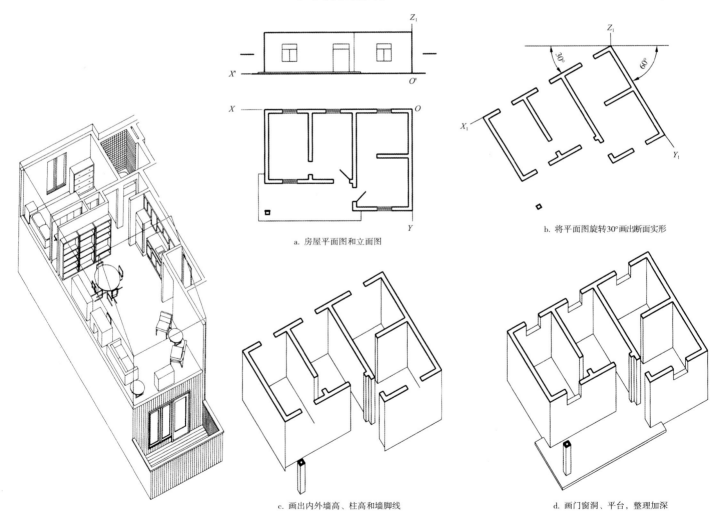

a. 房屋平面图和立面图

b. 将平面图旋转30°画出断面实形

c. 画出内外墙高、柱高和墙脚线

d. 画门窗洞、平台，整理加深

图2-99　室内水平斜轴测图

图2-98　房屋水平斜轴测图绘制步骤

6．圆的轴测图

圆的正轴测图形都是椭圆，圆的斜轴测图形取决于圆所处的面，若圆处在画面的平行面上或反映实形的那个面上则圆的斜轴测图形仍为圆，除此之外其他面上的圆的斜轴测图形均为椭圆。圆形的轴测图画法常用的是四心法和八点法。

（1）四心法。当两个轴测变形系数相等时，圆的外切正方形的轴测图是菱形，画菱形内的椭圆最好采用此法。如图2-100所示，作图的关键是找出四段圆弧的圆心、半径及它们的连接点。

（2）八点法。当圆的外切正方形在轴测投影中变成平行四边形时，画里面的椭圆可采用八点法。

八点法就是利用圆的外切正方形的四个切点和对应的内接正方形的四个接点求作椭圆轴测图的一种方法。做法如图2-101所示，先作出圆的外切正方形$ABCD$的轴测图，并定出各边中点1、3、5、7，这即为圆的四个切点，见图2-101a。然后作圆的内接正方形。过点A和切点1分别作45°线相交于点E，以点1为圆心，$1E$为半径作半圆分别交AB边于点F和点G，分别过点F、G，作AD边的平行线交对角线AC、BD于2、4、6、8点，即为圆的内接正方形的四个角点，见图2-101b。最后将所求八个点用平滑的曲线顺次连接即得圆的轴测图。

7．曲线轴测图

制图过程中经常会用到非圆曲线。如果是画简单的曲线可以采用截距法，如图2-102a所示。画复杂图形的轴测图可以采用网格法，如图2-102b所示。用网格法作图时，可

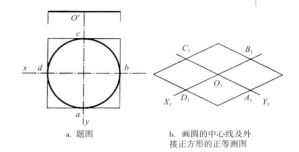

a．题图　　　　　　b．画圆的中心线及外
接正方形的正等测图

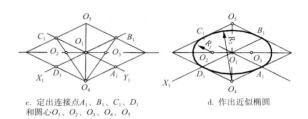

c．定出连接点A_1、B_1、C_1、D_1
和圆心O_1、O_2、O_3、O_4、O_5　　　d．作出近似椭圆

图2-100　四心法画圆的正等测图

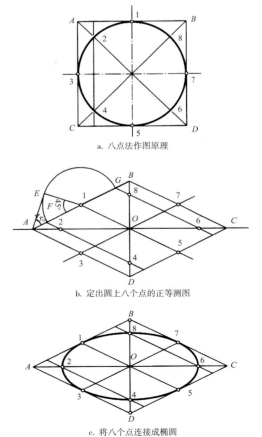

a．八点法作图原理

b．定出圆上八个点的正等测图

c．将八个点连接成椭圆

图2-101　用八点法画圆的正等测图

先在图上建立网格并作出网格的轴测图，然后在轴测图网格上定出图形与原网格的交点，最后用光滑的曲线将其连接起来可得所求图形。

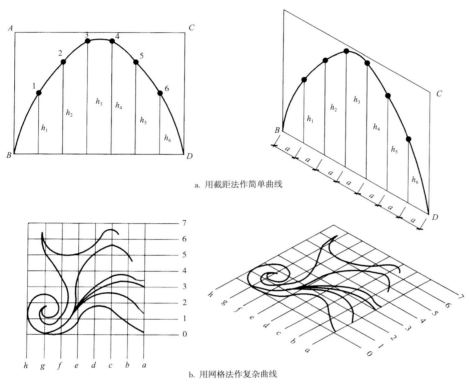

a. 用截距法作简单曲线

b. 用网格法作复杂曲线

图2—102　曲线的轴测图画法

思考题

1．正轴测图和斜轴测图是如何形成的？它们之间的区别是什么？

2．绘制正等轴测、正面斜二轴测和水平斜等轴测的轴测轴，写出各轴向伸缩系数。

3．曲线较多的景观轴测图可用什么方法绘制？

4．常用的轴测投影图的作图方法有哪些？分别适用于什么情况？

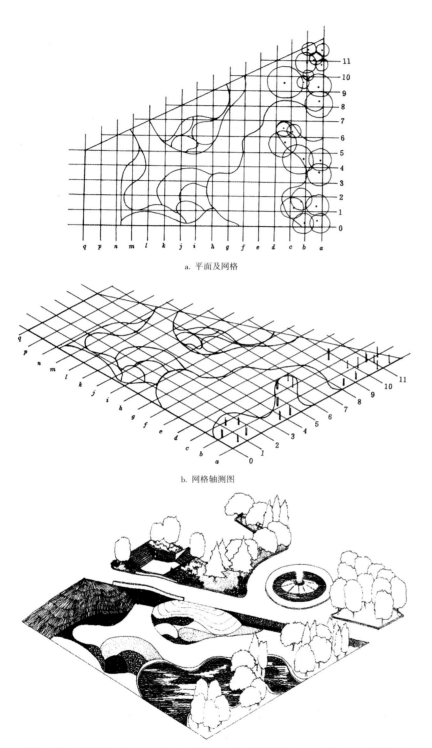

a. 平面及网格

b. 网格轴测图

图2-104 根据某园的平、立面图,绘制该园景的轴测投影图,用网格法绘制的轴测图

立面

平面

图2-103 某园的平、立面图

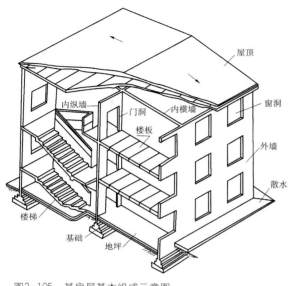

图2-105 某房屋基本组成示意图

图中标注：屋顶、窗洞、外墙、散水、内纵墙、门洞、内横墙、楼板、楼梯、基础、地坪

三、工程制图

（一）建筑设计制图与识图

1．基本知识概述

（1）房屋的组成及其作用。房屋是由基础、墙、楼板、门窗、屋顶等组成的，如图2-105所示，简单介绍房屋的各组成部分。

基础：基础是位于房屋底层地面以下的结构体，承受房屋的全部荷载。

墙、柱：墙和柱是房屋的承重构件，承受各楼层的荷载并传给基础。墙可分为外墙和内墙，按受力情况可分为承重墙和非承重墙。

楼板、地面：楼板和地面将房屋的内部空间分成若干层，在承受作用在其上的荷载的同时，连同自重一起传给墙、柱等承重构件。

楼梯：楼梯为上下各楼层的交通通道。

门、窗：门是具有出入、疏散、采光、通风、防火等多种功能的设施，窗具有日照、采光、通风、传递、观察、眺望的作用。

屋顶：房屋最上部分的构件，起抵御风霜雪雨和保温的作用。

其他：此外房屋还有阳台、消防通道、电梯、雨棚、天沟、散水等。

（2）房屋建筑工程图的有关规定。房屋建筑工程图应按《建筑制图标准》（GB/T50104-2001）和《房屋建筑制图统一标准》（GB/T50001-2001)》的有关规定绘制。

① 图线。绘制建筑、室内图时应采用不同粗细的图线，如表2-14所示，图线的宽度为b。

表2-14　图线

名　称	线　型	线宽	用　途
粗实线		b	1. 平、剖面图中被剖切的主要建筑构造（包括构配件）的轮廓线 2. 建筑立面图或室内立面图的外轮廓线 3. 构造详图中被剖切的主要部分的轮廓线 4. 构配件详图中的外轮廓线 5. 平、立、剖面图的剖切符号
中粗实线		0.5b	1. 平、剖面图中被剖切的次要建筑构造（包括构配件）的轮廓线 2. 建筑平、立、剖面图中建筑构配件的轮廓线 3. 建筑构造详图及建筑构配件详图中的一般轮廓线
细实线		0.25b	小于0.5b的图形线、尺寸线、尺寸界线、图例线、索引符号、标高符号、详图材料做法引出线等
中粗虚线		0.5b	1. 建筑构造详图及建筑构配件不可见的轮廓线 2. 平面图中的起重机（吊车）的轮廓线 3. 拟扩建的建筑物轮廓线
细虚线		0.25b	图例线、小于0.5b的不可见轮廓线
粗单点长画线		0.5b	起重机（吊车）轨道线
细单点长画线		0.25b	中心线、对称线、定位轴线
折断线		0.25b	不需画全的断开界线
波浪线		0.25b	不需画全的断开界线 构造层次的断开界线

注：地平线的线宽可以用1.4b。线宽b常取0.4～1.2mm。

② 定位轴线。定位轴线是施工定位、放线的重要依据，凡是承重墙、柱子等主要承重构件，都应画上定位轴线，并注明编号以确定其位置。其画法及编号的规定如下：

A．定位轴线应用细单点长画线绘制。

B．定位轴线需编号，编号应标注在轴线端部的细实线圆内，圆的直径为8～10mm。

C．轴线编号宜标注在平面图的下方和左侧，横向编号应用阿拉伯数字，从左至右编写，竖向编号应用大写的拉丁字母，从下至上编写，如图2－106所示。

D．对于一些次要的构件定位，可用附加轴线表示，如图2－107所示，其编号以分数表示，分母表示前一根轴线的编号，分子表示附加轴线的编号，用数字依次编写。

③ 索引符号和详图符号。图样中的某一局部或构件，如需另附详图，应在详图上注出索引符号，说明详图所表示的部位，详图的编号和所在图纸的编号。索引符号的圆用细实线绘制，直径10mm，并在圆内画出水平直径，在圆的上半部分内以阿拉伯数字表示该详图的编号，圆的下半部分内的数字表示该详图所在的图纸编号，常见的索引符号有：

A．索引出的详图，如与被索引的图样在同一张图纸内，则在下半圆的中间画一根水平细实线，如图2－108所示。

B．索引出的详图，如与被索引的图样不在同一张图纸内，应在下半圆中用阿拉伯数字注明该详图所在的图纸的图号，如图2－109所示。

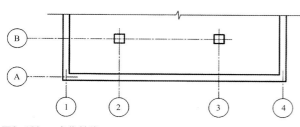

图2－106　定位轴线

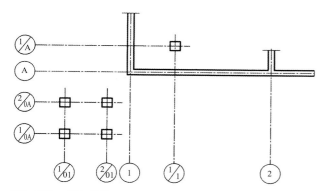

图2－107　附加轴线

－详图编号
－表示详图在本张图纸内

图2－108

－详图编号
－表示详图在2号图纸上

图2－109

C．索引出的详图，如采用标准图，应在索引符号水平直径的延长线上加注改标准图册的编号，如图2-110所示。

图2-110

标准图的图册编号
—详图编号
—表示详图在标准图第2页上

D．索引符号如用于索引剖视详图，应在被剖切的部位绘制剖切位置线，并以引出线引出索引符号，引出线所在的一侧应为剖视投影方向，如图2-111所示。

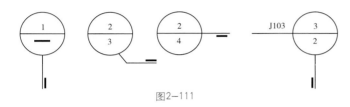

图2-111

详图符号表示的是详图的位置和编号，其圆用粗实线绘制，直径为14mm。详图与被索引图样在同一张图纸内时，需在圆内用阿拉伯数字注明详图的编号，如图2-112。

图2-112

当详图与被索引的图样不在同一张图纸内时，应用细实线在详图符号内画一水平直径，在圆的上半部分中注明详图编号，下半部分中注明被索引图纸的图纸号，如图2-113。

图2-113

④ 标高。标高是标注建筑物高度的尺寸标注形式。标高符号以等腰直角三角形表示，一般用细实线绘制。标高以米为单位，精确到毫米，取到小数点后第三位；在总平面中，取小数点后二位。一般采用相对标高，即室内地面标高定为±0.000，高于它的为正，"+"不需标出；低于它的为负，"-"需标出，图2-114为不同图样中的标高。

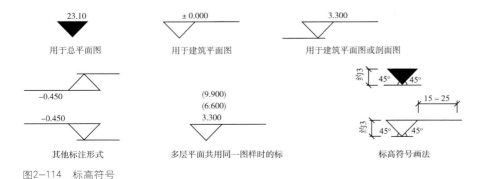

图2-114　标高符号

⑤ 多层构造引出线。引出线应以细实线绘制，文字说明标注在引出线上方或端部，如图2-115所示。

图2-115　引出线的绘制

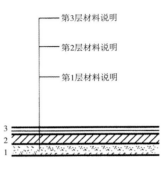

材料竖向排列时的说明形式　　　材料横向排列时的说明形式

图2-116　多层构造的建筑材料说明

⑥ 指北针。在建筑施工图中的总平面图和底层平面图上，应画上指北针符号，以表示建筑物的朝向。指北针圆用细实线绘制，直径为24mm，指针尖为北向，如图2-117所示。在建筑总平面图上，应按当地的实际情况绘制风向频率玫瑰图，表示该地区的常年风向频率，虚线表示夏季风向频率。

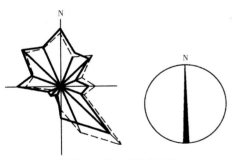

图2-117　指北针、风向频率玫瑰图

(3) 房屋建筑工程图的内容和识图方法。

图纸内容包括建筑施工图、结构施工图、设备施工图。

① 建筑施工图：主要表明建筑物的总体布局、外部造型、内部布置、细部构造、内外装饰等情况，包括首页图（设计说明）、建筑总平面图、平面图、立面图、剖面图和详图等。

② 结构施工图：主要表明建筑物各承重构件的布置及安装要求的图样，包括首页图（结构设计说明）、基础平面图及基础详图，结构平面布置图及节点构造详图、钢筋混凝土构件详图等。

③ 设备施工图：表明建筑物各专业管道和设备的布置及安装要求的图样，包括给水排水施工图、采暖通风施工图、电气施工图

等。这类图纸一般都是由首页图、平面图、系统图、详图等组成。

　　一套完整的施工图编排一般为图纸目录、总平面图（施工总说明）、建筑施工图、结构施工图、给水排水施工图、采暖通风施工图、电气施工图等（如图2-118）。

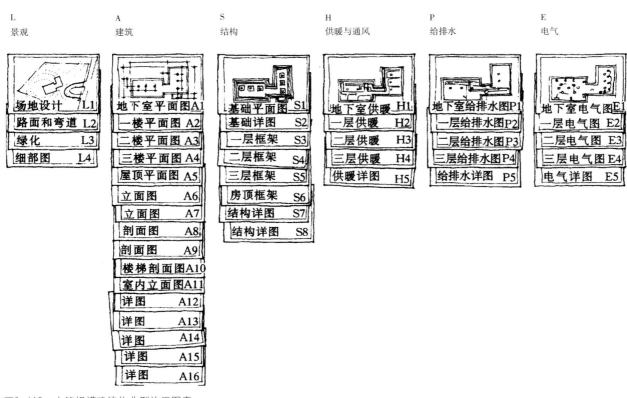

L 景观	A 建筑	S 结构	H 供暖与通风	P 给排水	E 电气
场地设计　L1	地下室平面图A1	基础平面图　S1	地下室供暖　H1	地下室给排水图P1	地下室电气图E1
路面和弯道 L2	一楼平面图 A2	基础详图　S2	一层供暖　H2	一层给排水图P2	一层电气图 E2
绿化　　　L3	二楼平面图 A3	一层框架　S3	二层供暖　H3	二层给排水图P3	二层电气图 E3
细部图　　L4	三楼平面图 A4	二层框架　S4	三层供暖　H4	三层给排水图P4	三层电气图E4
	屋顶平面图 A5	三层框架　S5	供暖详图　H5	给排水详图　P5	电气详图　E5
	立面图　　A6	房顶框架　S6			
	立面图　　A7	结构详图　S7			
	剖面图　　A8	结构详图　S8			
	剖面图　　A9				
	楼梯剖面图A10				
	室内立面图A11				
	详图　　　A12				
	详图　　　A13				
	详图　　　A14				
	详图　　　A15				
	详图　　　A16				

图2-118　中等规模建筑物典型施工图表

　　识图方法：识读整套图纸时，可以按照"总体了解、顺序识读、前后对照、重点细读"的方法进行识图。

　　① 总体了解：先看目录、总平面和设计总说明，了解工程的概况，然后看建筑的平、立剖面，加强对建筑的立体形状和空间布置的想象。

　　② 顺序识读：在了解建筑物的情况后，根据施工的先后顺序，仔细阅读从基础、墙体、结构平面的布置到建筑构造等有关图纸。

③ 前后对照：读图时，对平面图和剖面图、建筑施工图和结构施工图、土建施工图和设备施工图要做到对照着读，才能做到对整个工程施工情况及技术要求心中有数。

④ 重点细读：根据工种的不同，将有关专业施工图再有重点地仔细阅读一遍，并将遇到的问题记录下来，及时向有关设计部门反映。

识读一张图纸时，应由外到内、由大到小、由粗到细地看，图样与说明要交替看，并注重看各种尺寸之间的关系。

2．首页图和建筑总平面图

(1) 首页图。首页图是建筑施工图的第一页，它的内容一般包括设计说明、工程做法、门窗表及简单的总平面图等。

(2) 建筑总平面图。建筑总平面图是按正投影法和相应的图例绘制的，是从屋顶上面往下正投影所看到的建筑物的平面轮廓线。图示内容包括：

① 新建建筑物的名称、数量、层数、室外地面的标高，新建建筑物的朝向等。

② 新建建筑物的位置。新建建筑物有三种定位方式，一种是根据原有的建筑物的距离来定位，第二种是利用新建建筑物与周围道路之间的距离来定位，第三种是利用施工坐标确定新建建筑物的位置。

③ 新建的道路、绿化、环境布置等。

④ 将来拟建的建筑物和原有建筑物及其道路、绿化等。

⑤ 周围的地形、地貌、指北针、风向频率玫瑰图、比例等。

(3) 建筑总平面的识读。以图2—119为例说明总平面图的识读方法。

① 了解图名、比例、图例及有关的文字说明。图为某武警营房楼总平面图，比例为1:500。整个建筑坐北朝南，西侧大门为该区主要出入口，并设有门卫传达。图中使用的图例应采用"国标"中所规定的图例。

② 了解建筑物的基本情况、地形、地貌及周围的环境。该营房紧邻西侧马路，楼前为停车场和训练场。主体建筑东侧为绿化带，紧邻东侧外墙

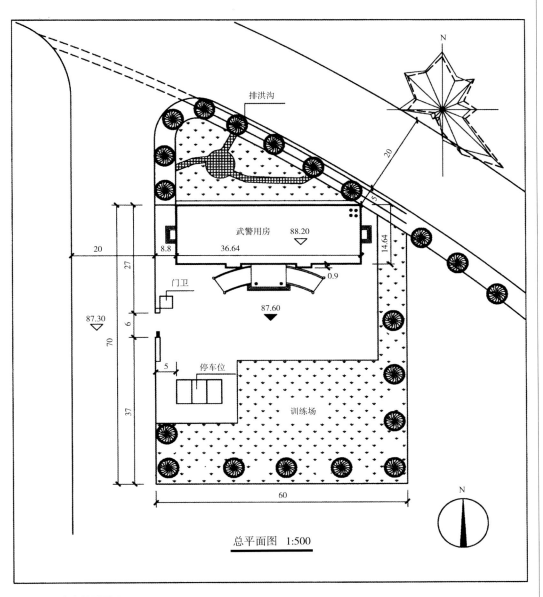

图2-119 建筑总平面图

的排洪沟。总平面图上的尺寸标注一律以米（m）为单位。新建建筑物武
警用房的总长为36.64m，总宽为14.64m，建筑物层数为4层，建筑面积为
2150m²。图中新建建筑物的室内地坪标高为绝对标高88.20m，室外整坪标高
为87.60m，西侧马路的标高为87.30m。

　　③ 了解新建建筑物的周围绿化、主导风向等情况。图中新建建筑物周围
设有绿化带。从风玫瑰图中可以看出该地区最大的主导风向为东南风。

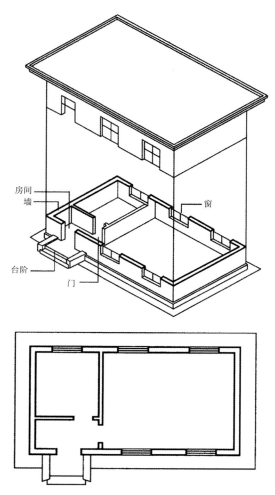

房间
墙
窗
台阶
门

图2-120　房屋建筑平面图的形成

3．建筑平面图

建筑平面图是房屋的水平剖面图，是用一个假想的水平剖切平面沿房屋略高于窗台的部位剖切，移去上半部分，将下半部分做水平正投影图得到的平面图，如图2-120所示。建筑平面图主要用来表示房屋的平面布置情况。在施工过程中，是定位放线、砌墙、安装门窗、编制预算等的重要依据。

（1）建筑平面图的内容。建筑平面图的图示内容包括房屋的平面布局、房间的分隔、定位轴线和各部分尺寸、门窗的类型和位置及其编号、室内外地坪标高以及台阶、雨水管等位置。

现以图2-121～图2-125所示的别墅平面图为例，说明建筑平面图的图示内容和读图要点。

①　图名识读。从图名了解该图是哪一层的平面图，图2-121为地下室平面，图2-122为一层平面，图2-123为二层平面，图2-124为三层平面，图2-125为屋顶平面，均按1：100比例绘制。每张图下面要标明平面图的名称和比例。指北针可绘制在首层平面图上。

②　平面布局。建筑内部各墙体的分隔。门窗的位置、开启方向及代号型号，门窗的代号分别为M、C，代号后面得阿拉伯数字是它们的型号。注明平面上各房间的名称，便于了解各层房间的配置、用途及相互间的关系。构配件和固定的设施，包括楼梯、玻璃隔墙、卫生洁具等，画出其图例或轮廓形状，便于了解主要设施的布置位置。

③　定位轴线及编号。用来确定房屋各承重墙、柱的位置。从左向右按横向编号①～②，从下向上按竖向编号Ⓐ～Ⓖ。定位轴线之间的距离，横向称为"开间"，竖向的称为"进深"。

④　尺寸标注。平面图尺寸以毫米（mm）为单位，但标高以

米（m）为单位。必要的尺寸包括：

　A．总尺寸：表明建筑物的总长和总宽。

　B．定位尺寸：表明各承重墙、柱的位置，门窗洞及固定设施的位置等尺寸。

　C．细部尺寸：墙体厚度、门窗洞的宽度、各房间的开间及进深等。

　⑤　有关符号。在需要绘制剖面图的位置标出剖切符号。平面图中的某局部或构配

件需要另画详图时，要画出索引符号。

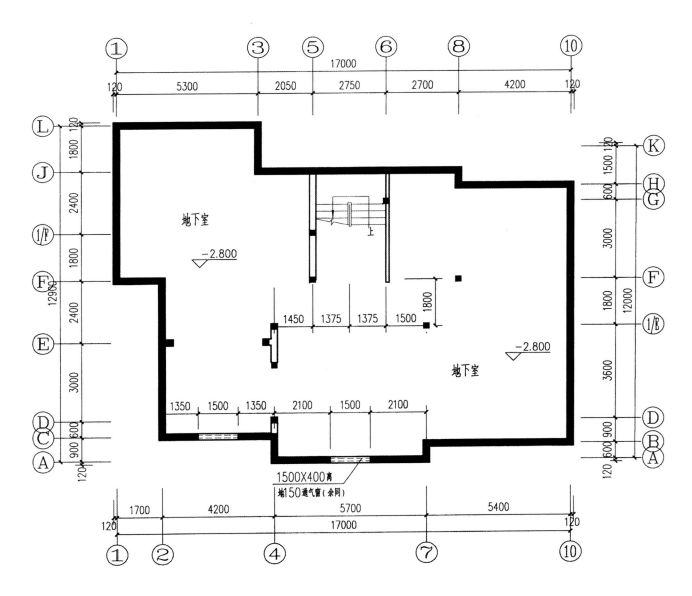

地下室平面 1:100 S=184m²

图2-121　别墅地下室平面图

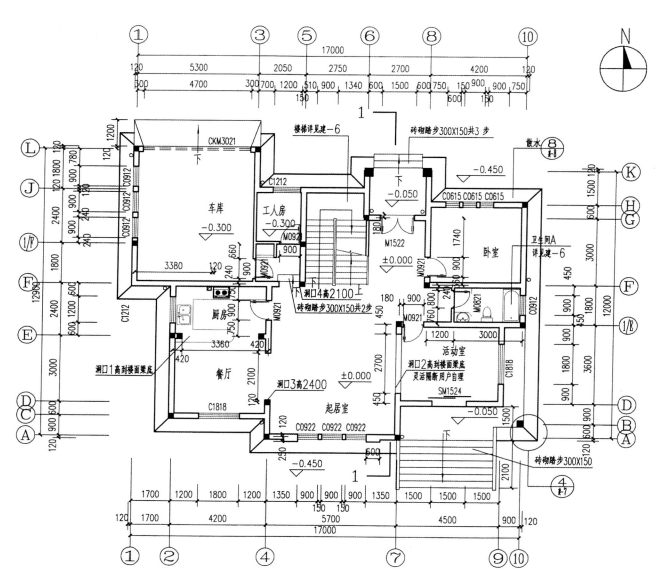

一层平面 1:100 S=187m²

图2-122　别墅一层平面图

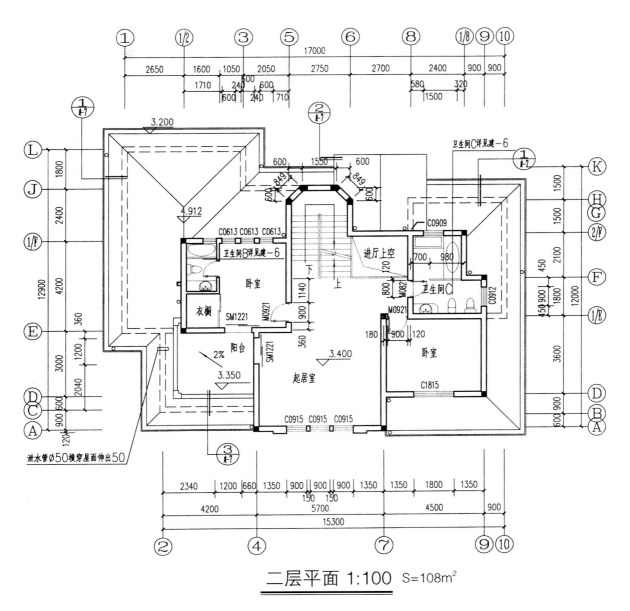

二层平面 1:100　S=108m²

图2-123　别墅二层平面图

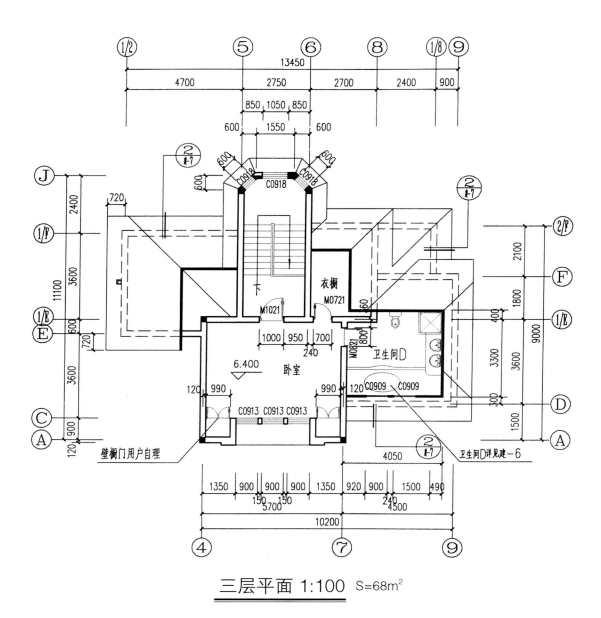

三层平面 1:100 S=68m²

图2-124　别墅三层平面图

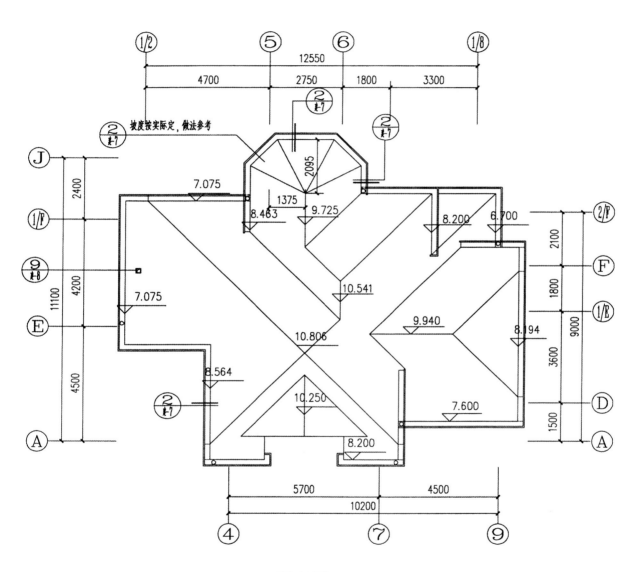

屋顶平面 1:100

图2-125　别墅屋顶平面图

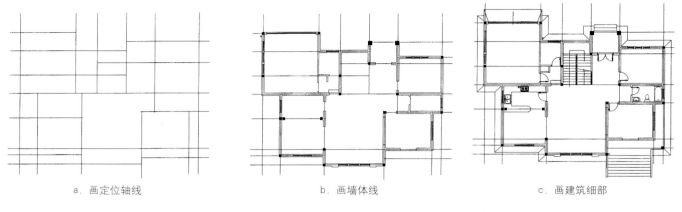

a. 画定位轴线　　　　　　　b. 画墙体线　　　　　　　c. 画建筑细部

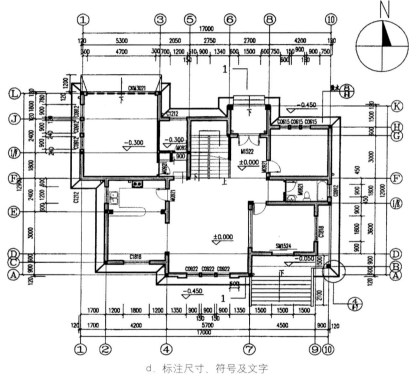

d. 标注尺寸、符号及文字

图2-126　建筑平面图的绘制步骤

（2）建筑平面图的画法。现以某私人别墅的一层平面图（图2-126）为例，说明建筑平面图的绘制步骤。

①　选定比例和图幅。根据房屋的大小和复杂程度定好合适的比例和图幅，注意留出标注尺寸、定位轴线编号和有关说明所需的位置。

②　画定位轴线，选用的线型为细点画线。

③　画出墙体的厚度、门窗洞口。

④ 画出建筑细部，用细实线画门、窗、楼梯间、厨房、卫生设施等。

⑤ 标注尺寸、标高、指北针、剖切符号、索引符号等。

⑥ 加深、加粗图线。剖到面的轮廓线用粗实线表示，未剖到的用细实线表示，并标上各类文字说明。

(3) 建筑平面图中常用的构件及图例。

表2-15　常用建筑材料图例

图例	名称	图例	名称
	自然土壤		素土夯实
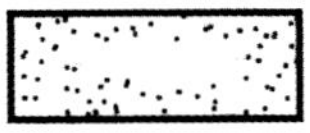	砂、灰土及粉刷		空心砖
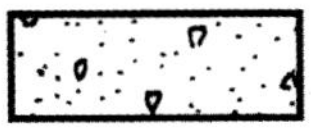	混凝土		钢筋混凝土
	砖砌体		多孔材料
	金属材料	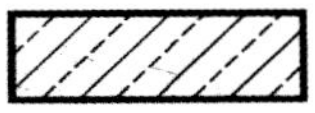	石材

表2-16　常用建筑构配件图例

序号	名称	图例	说明
1	墙体	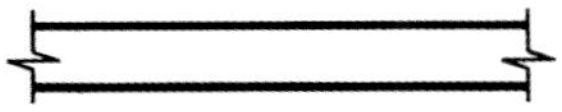	应加注文字说明或填充图例表示墙体材料，在项目设计图纸说明中列材料图例表给予说明。
2	隔断		1.包括板条抹灰、木制、石膏板、金属材料等隔断。 2. 适用于到顶与不到顶隔断。
3	楼梯	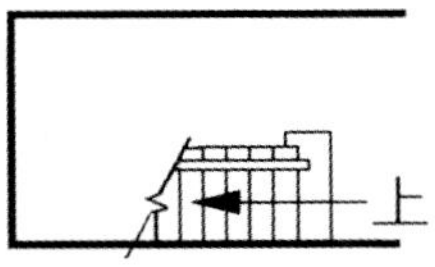 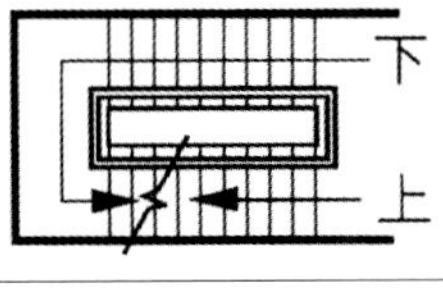 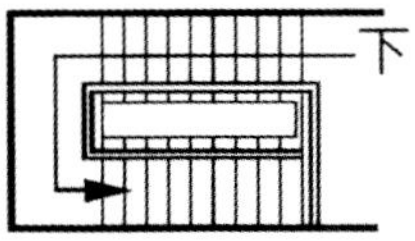	1.上图为底层楼梯平面，中图为中间层楼梯平面，下图为顶层楼梯平面。 2.楼梯及栏杆扶手的形式和楼梯踏步数应按实际情况绘制。

4	坡道	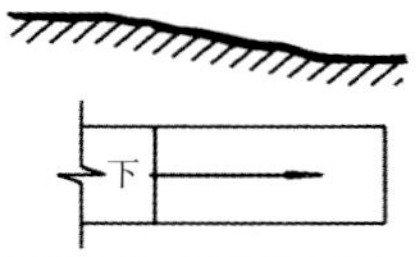 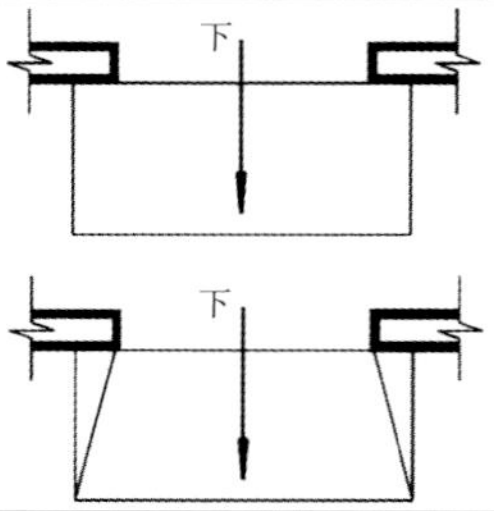	上图为长坡道，下图为门口坡道。
5	检查孔	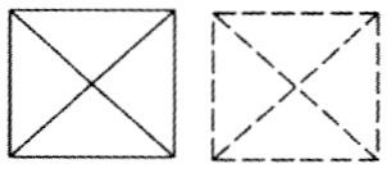	1. 左图为可见检查孔。 2. 右图为不可见检查孔。
6	孔洞		阴影部分可以涂色代替。
7	坑槽	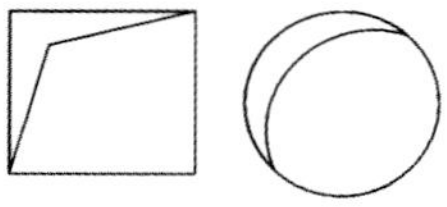	
8	烟道	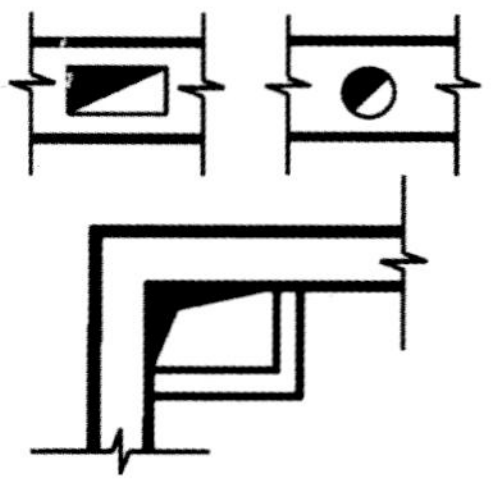	1. 阴影部分可以涂色代替。 2. 烟道与墙体为同一材料，其相接处的墙身线应断开。
9	通风道	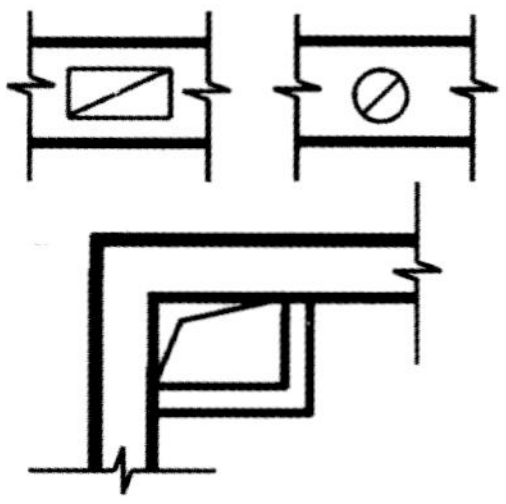	

表2-16（续）

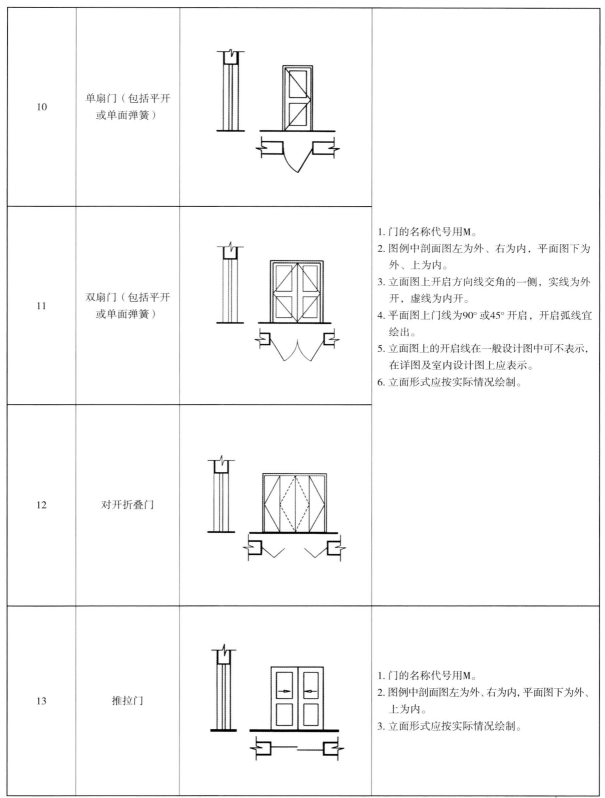

10	单扇门（包括平开或单面弹簧）		
11	双扇门（包括平开或单面弹簧）		1.门的名称代号用M。 2.图例中剖面图左为外、右为内，平面图下为外、上为内。 3.立面图上开启方向线交角的一侧，实线为外开，虚线为内开。 4.平面图上门线为90°或45°开启，开启弧线宜绘出。 5.立面图上的开启线在一般设计图中可不表示，在详图及室内设计图上应表示。 6.立面形式应按实际情况绘制。
12	对开折叠门		
13	推拉门		1.门的名称代号用M。 2.图例中剖面图左为外、右为内，平面图下为外、上为内。 3.立面形式应按实际情况绘制。

表2-16（续）

14	墙外单扇推拉门	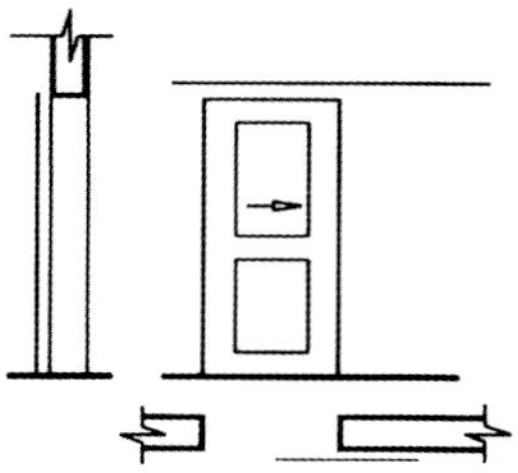	
15	墙外双扇推拉门		
16	墙中单扇推拉门		
17	墙中双扇推拉门		
18	单扇双面弹簧门	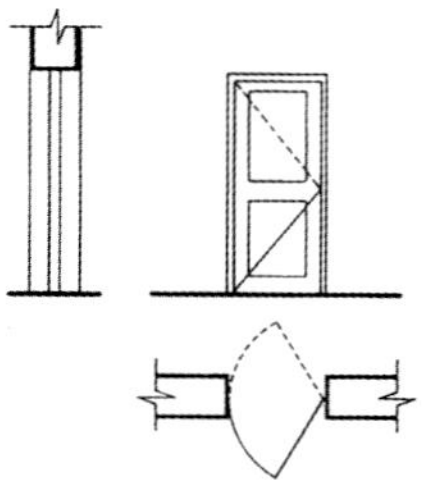	1. 门的名称代号用M。 2. 图例中剖面图左为外、右为内,平面图下为外、上为内。 3. 立面图上开启方向线交角的一侧为安装合叶的一侧,实线为外开,虚线为内开。 4. 平面图上门线应为90°或45°开启,开启弧线宜绘出。
19	双扇双面弹簧门		5. 立面图上的开启线在一般设计图中可不表示,在详图及室内设计图上应表示。 6. 立面形式应按实际情况绘制。

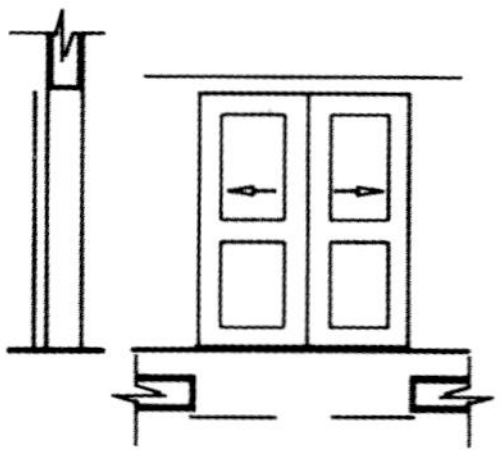

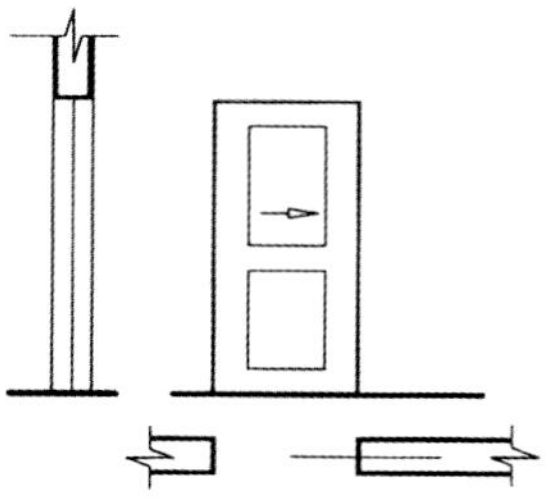

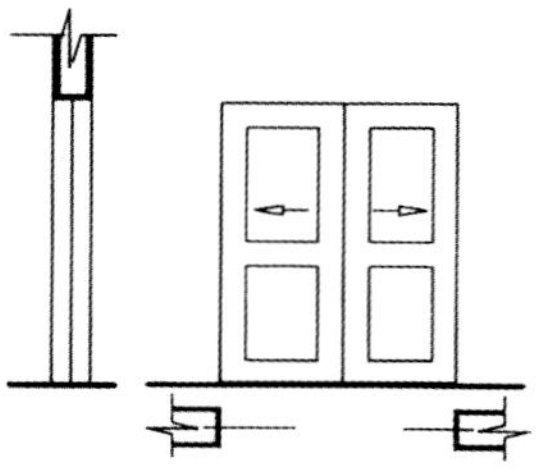

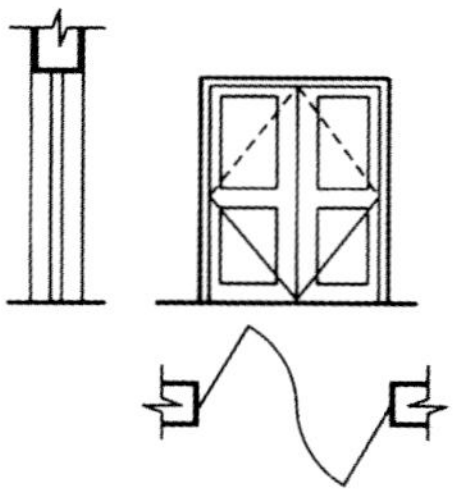

表2-16(续)

20	单扇内外开双层门（包括平开或单面弹簧）	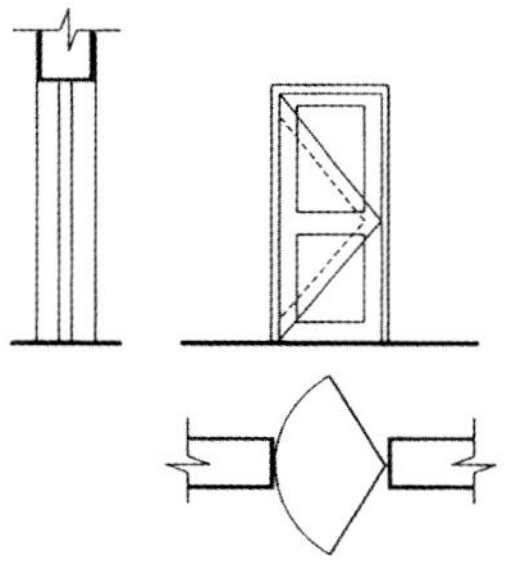	
21	双扇内外开双层门（包括平开或单面弹簧）	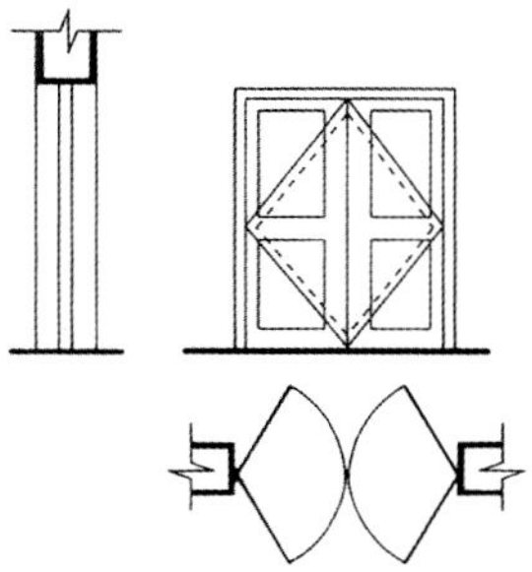	
22	转门	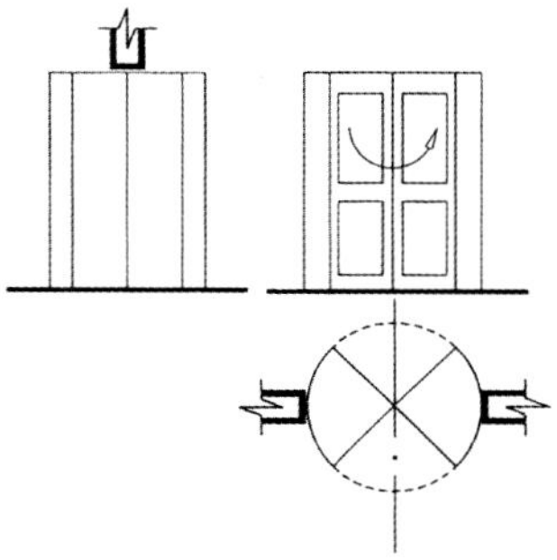	1.门的名称代号用M。 2.图例中剖面图左为外、右为内,平面图下为外、上为内。 3.平面图上门线应为90°或45°开启,开启弧线宜绘出。 4.立面图上的开启线在一般设计图中可不表示,在详图及室内设计图上应表示。 5.立面形式应按实际情况绘制。
23	自动门	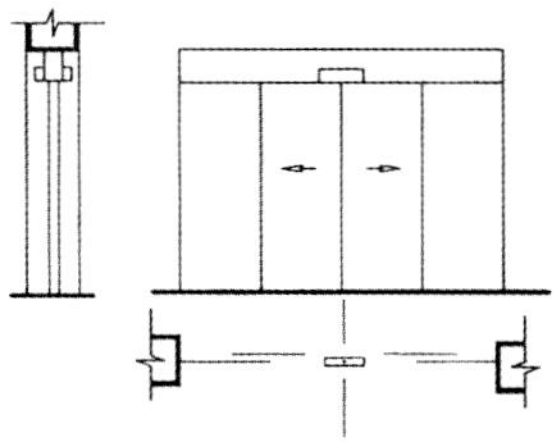	1.门的名称代号用M。 2.图例中剖面图左为外、右为内,平面图下为外、上为内。 3.立面形式应按实际情况绘制。
24	竖向卷帘门	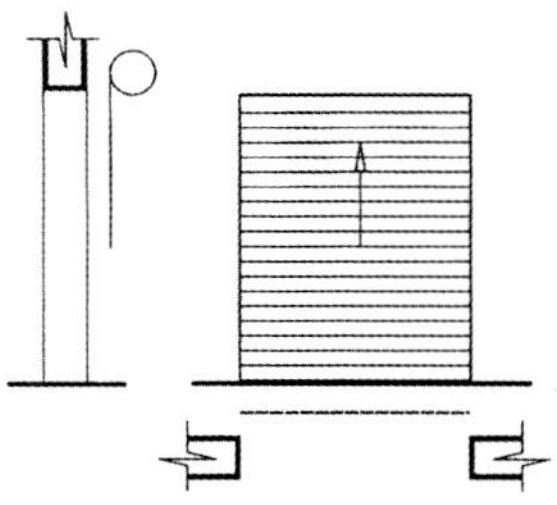	1.门的名称代号用M。 2.图例中剖面图左为外、右为内,平面图下为外、上为内。 3.立面形式应按实际情况绘制。

表2—16（续）

25	横向卷帘门	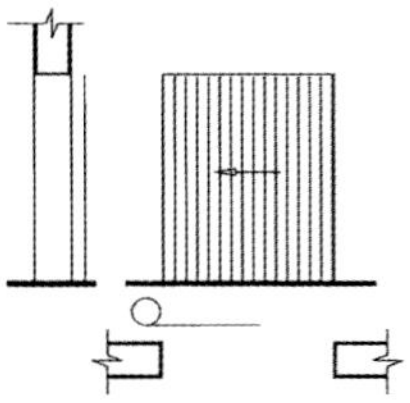	
26	提升门	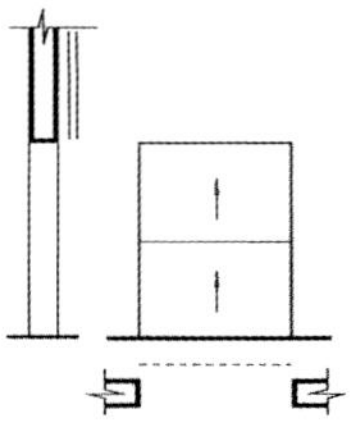	
27	单层固定窗	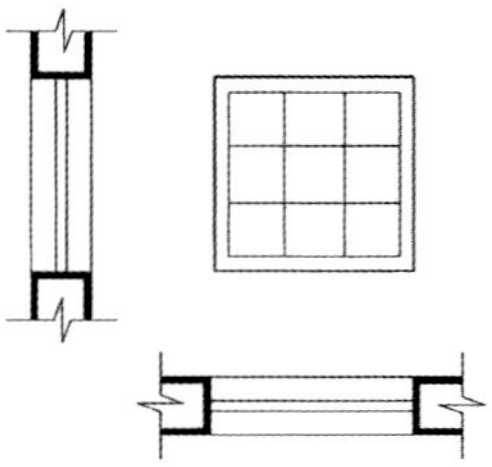	1. 窗的名称代号用C表示。 2. 图例中，剖面图左为外，右为内，平面图所示下为外、上为内。 3. 窗的立面形式应按实际绘制。 4. 小比例绘图时，平、剖面的窗线可用单组实线表示。
28	单层外开上悬窗		
29	单层中悬窗		1. 窗的名称代号用C表示。 2. 立面图中的斜线表示窗的开启方向，实线为外开，虚线为内开；开启方向线交角的一侧为安装合叶的一侧，一般设计图中可不表示。 3. 图例中，剖面图所示左为外，右为内，平面图所示下为外、上为内。 4. 平面图和剖面图的虚线仅说明开关方式，在设计图中不需表示。 5. 窗的立面形式应按实际绘制。 6. 小比例绘图时，平、剖面的窗线可用单组实线表示。
30	单层内开下悬窗	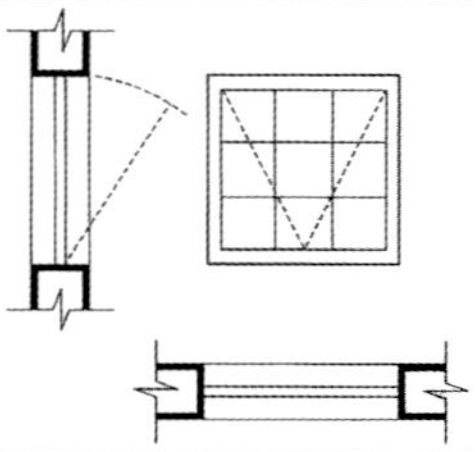	
31	立转窗	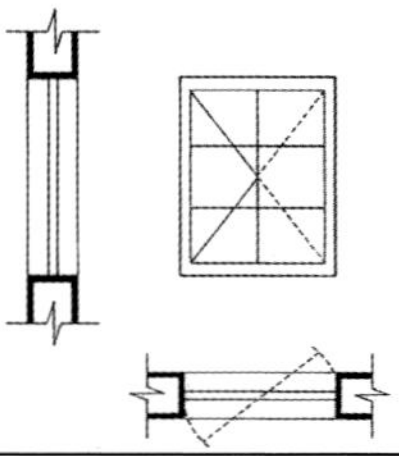	

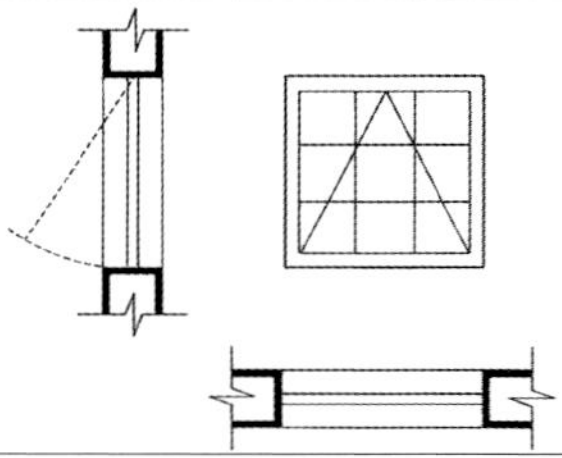

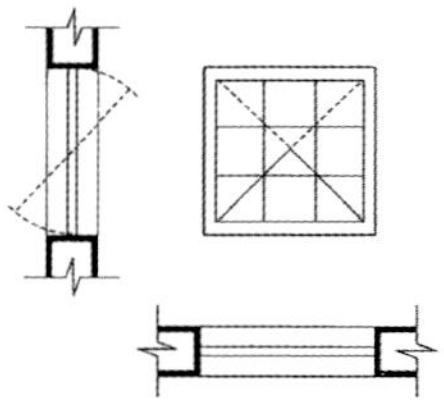

表2—16（续）

32	单层外开平开窗	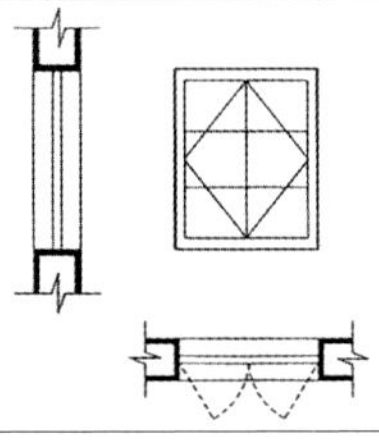	
33	单层内开平开窗	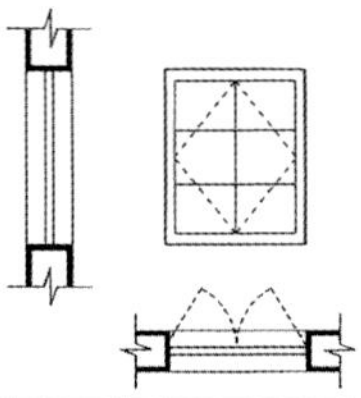	
34	双层内外开平开窗	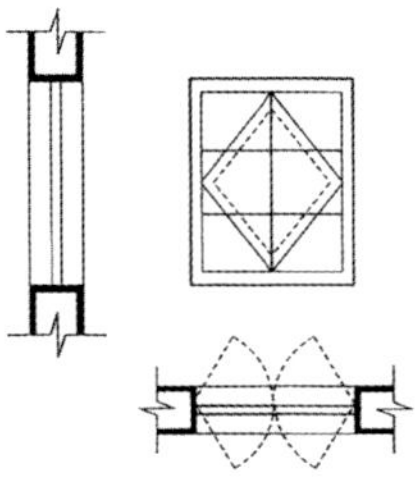	
35	推拉窗	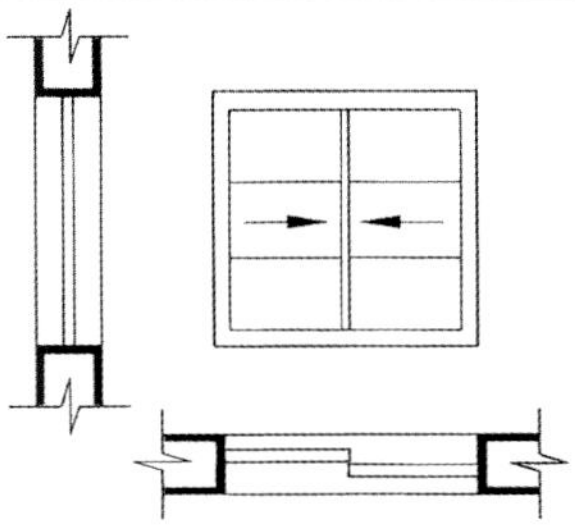	1. 窗的名称代号用C表示。 2. 图例中，剖面图左为外，右为内，平面图所示下为外、上为内。 3. 窗的立面形式应按实际绘制。 4. 小比例绘图时平、剖面的窗线可用单组实线表示。
36	上推窗	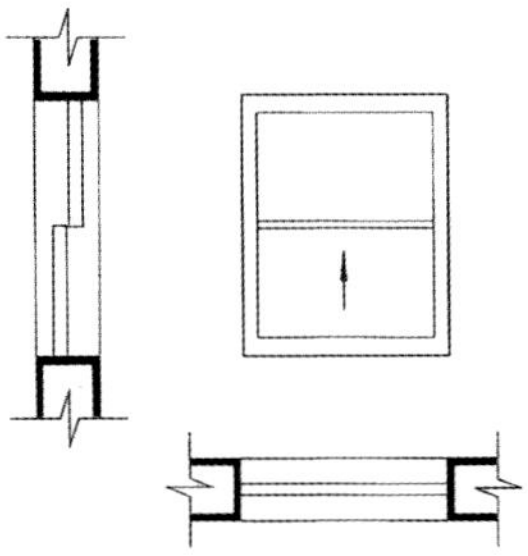	
37	百叶窗	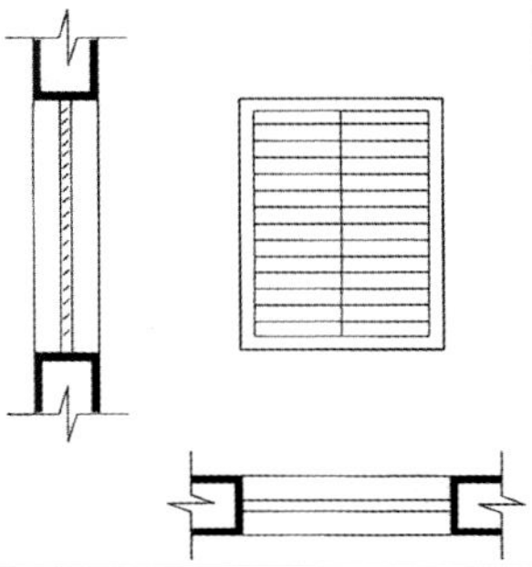	

表2-16（续）

4．建筑立面图

建筑立面图是在与房屋立面相平行的投影面上所作的房屋正投影图，见图2-127所示。它主要用来表示房屋的外貌、外墙装修、门窗位置与形状，以及阳台、雨棚、台阶等构配件的位置。

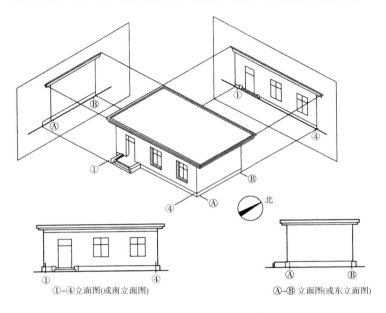

①-④立面图(或南立面图)　　　　　Ⓐ-Ⓑ立面图(或东立面图)

图2-127　房屋建筑立面图的形成

（1）建筑立面图的命名。

①　按房屋的朝向来命名，如南立面图、北立面图、东立面图、西立面图。

②　有定位轴线的建筑物，宜根据两端定位轴线的编号标注立面图名称，见图2-128。

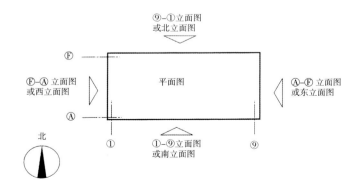

图2-128　建筑立面图的投影方向及命名

（2）立面图的图示内容。现以图2-129所示的别墅立面图为例，说明建筑立面图的图示内容和读图要点。在读立面图的同时参考第72页"3．建筑平面图"。

① 图名识读。从图名了解该图是哪个方向的立面图。

② 建筑外形。建筑物在室外地面线以上的全貌、门窗、阳台、台阶、烟囱等的位置和形状。

③ 建筑装饰细部。建筑物外墙的装饰做法、工艺要求及颜色等，可用图例表达并加注文字说明。

④ 尺寸标注。立面图上主要标注标高尺寸，室外地坪、勒脚、窗台、门窗顶、檐口等处的标高，一般应注在图形的外侧，标高符号要大小一致，排列在同一竖线上。

①～⑩ 立面图 1:100

图2-129 别墅立面图

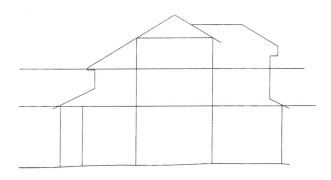

a. 画外轮廓及各层层高线

b. 画主要建筑细部

c. 画次要建筑细部

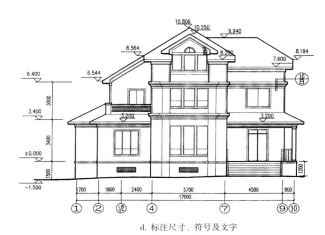

d. 标注尺寸、符号及文字

图2-130　　建筑立面图的绘制步骤

（3）建筑立面图的画法。现以某私人别墅的立面图（图
2-130）为例，说明平面图的绘制步骤。

①　选定比例、图幅。

②　画出地面线、左右外墙的轮廓线。

③　画出门窗、雨棚、阳台、台阶、女儿墙等。

④　完成细部制作图。

⑤　标注尺寸、标高、轴号、文字说明等。

⑥　检查无误后，按线宽规定加深图线。轮廓线和地面线用
粗实线绘制，门窗、阳台等轮廓线用中粗线绘制，门窗、栏杆、
雨水管、墙面分隔线等用细实线绘制。

5．建筑剖面图

建筑剖面图是用垂直于地面的剖切平面剖切建筑物得到的投影图，主要用于表达建筑物内部的构造形式。因此，剖切位置一般选择建筑物内部构造有代表性且比较复杂的部位，这些部位通常通过门窗洞和楼梯间，如图2-131所示。

剖切面的数量视建筑物的内部复杂程度而定。剖面图中的线型宽度的选择与平面图相同；命名应与底层平面图上所标注的剖切编号一致，图名和比例标注在剖切图的下方。习惯上，剖切图不画出基础部分。

（1）建筑剖切图的图示内容。现以图2-132为例说明剖面图的表达内容。

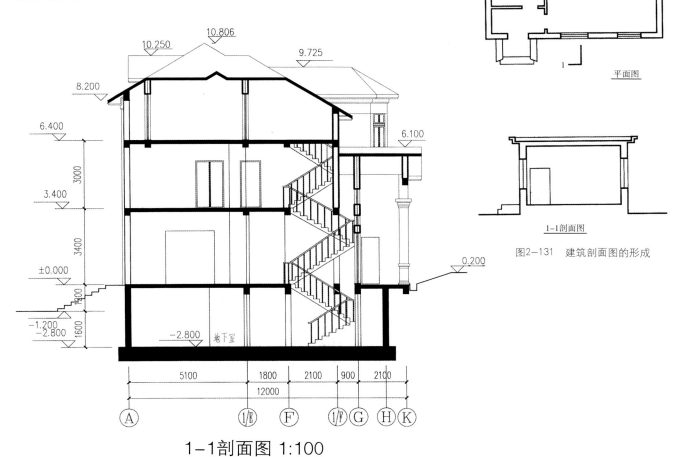

沿1-1剖面切开

平面图

1-1剖面图

图2-131　建筑剖面图的形成

1-1剖面图 1:100

图2-132　别墅剖面图

① 剖切位置。对照平面图中的剖切符号和轴线编号，可知图2-132剖面为别墅的竖剖面图。

② 剖切到的构件。包括各主要承重结构间的相互关系，各层梁、楼板与墙、柱的关系，屋顶结构及天沟构造的形式等。

③ 未剖切到的可见部分。包括室内墙体的分割，门、窗的位置等。

④ 标注尺寸。剖面图中用标高表明建筑物的总高度，室外地面标高，各楼层标高，门窗及窗台高度等。标明房屋各部位的尺寸。

此外，在剖面图中，凡需绘制详图的部位，均要画出详图索引符号。

(2) 建筑剖面图的画法。以图2-133剖面图为例说明剖面图的一般画法。

① 按比例绘制出定位轴线，室外地面线、楼面线等，并绘出墙身。

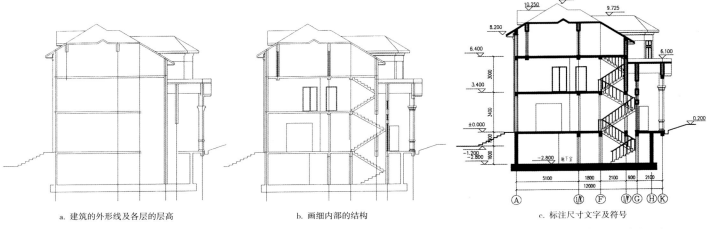

a. 建筑的外形线及各层的层高　　　b. 画细内部的结构　　　c. 标注尺寸文字及符号

图2-133　建筑剖面图的绘制步骤

② 定门窗、楼梯的位置，并画出细部结构，如楼梯、栏杆、梁、板、阳台等。

③ 画出标高符号、尺寸线、定位轴线编号等。检查后按线宽要求加深图线，并绘制材料图例，标注图名、比例及相关文字说明。

6．建筑详图

在建筑施工图中，建筑中某些复杂、细小部位的处理、做法和材料等，很难在比例较小的建筑平面图、立面图、剖面图中表达清楚，所以需要用较大的比例（1:20、1:10、1:5等）来绘制这些局部构造。这种图样被称为建筑详图，也称为节点详图或大样图，如图2-134。

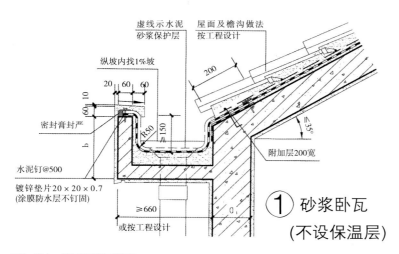

① 砂浆卧瓦
(不设保温层)

图2-134　坡屋顶檐口详图

（1）建筑详图的图示内容。

①　从图中的详图符号中找出被索引图样所在的图纸，并通过该图样上的索引符号找出所表达的部位。

②　清楚表达构配件的详细构造，所用材料名称及规格、各部分的连接方式和相对位置关系。

③　各部位、各细部的详细尺寸，有关施工要求和做法的详细说明等。

④　详图用剖面图表现时，被剖到的部分应画上材料图例。

（2）外墙节点详图。图2-135所示的是某一建筑物铝塑板外墙的剖面节点详图，其节点分别表示了铝塑板外墙三处不同的做法。

（3）楼梯详图。楼梯的构造比较复杂，需用详图表示。楼梯的详图表示楼梯的组成和结构形式，一般包括楼梯平面图和楼梯剖面图，必要时画出楼梯踏步和栏杆的详图。这些详图尽量画在同一张图纸上，以便对照识读。

楼梯平面图用来表达梯段的水平长度、宽度，各踏步的宽度，栏杆位置等，一般要画出每一层的楼梯平面图。三层以上的

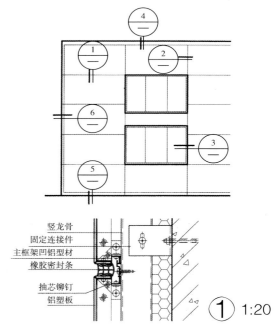

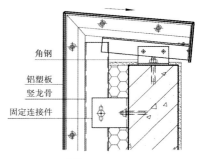

④ 女儿墙节点1:20

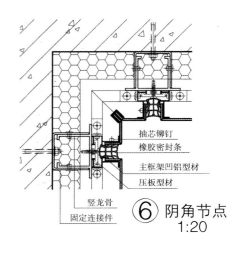

⑥ 阴角节点
1:20

图2-135　铝塑板外墙剖面节点详图

建筑，若各层的楼梯位置及其梯段数、踏步数和大小都相同时，通常只画出底层、中间层 (标准层) 和顶层三个平面。在楼梯平面中，要注出楼梯间的开间、进深尺寸，楼面和平台面处的标高以及各细部的详细尺寸。通常，梯段长度尺寸采用"踏面数×踏面宽度=梯段长度"的形式标注，如图2-136所示。楼梯平面间的绘制步骤如图2-137所示。

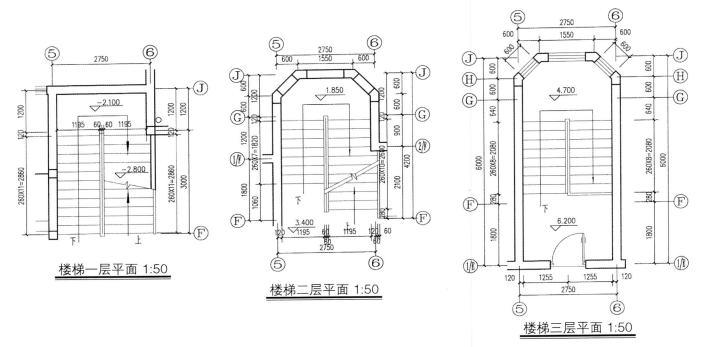

楼梯一层平面 1:50

楼梯二层平面 1:50

楼梯三层平面 1:50

图2-136 楼梯间平面图

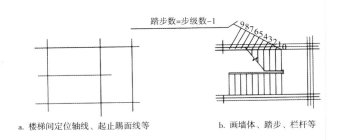

踏步数=步级数-1

a. 楼梯间定位轴线、起止踢面线等

b. 画墙体、踏步、栏杆等

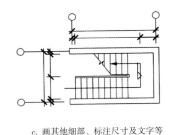

c. 画其他细部、标注尺寸及文字等

图2-137 楼梯平面图绘制步骤

楼梯剖面图用于表达各梯段的踏步数、踏步高度、梯段构造、休息平台位置，以及各梯段与各层楼板的联系等。图中应标注各楼层、地面、休息平台标高，栏板的高度尺寸，梯段高度尺寸常以"踢面数×踢面高度=梯段高度"的形式标注，如图2-138所示。楼梯剖面图的绘制步骤如图2-139所示。

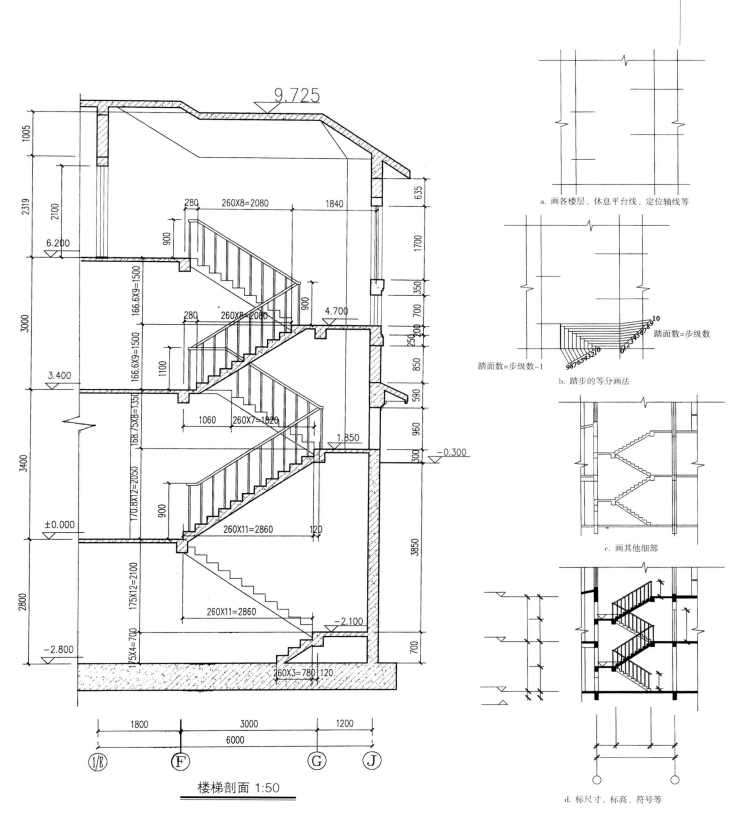

9.725

280 260X8=2080 1840

260X8=2080

166.6X9=1500

166.6X9=1500

168.75X8=1350

170.8X12=2050

175X12=2100

260X11=2860

175X4=700

260X11=2860

260X3=780 120

6.200

4.700

3.400

1.850

±0.000

−0.300

−2.100

−2.800

1005
2319
2100
900
900
1100
900
3000
3400
2800
635
1700
350
700
250 200
850
590
960
300
3850
700
1060 260X7=1820
120

1800 3000 1200
6000

①/E F G J

楼梯剖面 1:50

a. 画各楼层、休息平台线、定位轴线等

踏面数=步级数−1
踏面数=步级数
b. 踏步的等分画法

c. 画其他细部

d. 标尺寸、标高、符号等

图2-138 楼梯间剖面图

图2-139 楼梯剖面图绘制步骤

思考题

　　1．一套建筑工程图纸包括哪些图纸内容？

　　2．建筑图纸中的索引符号和详图符号如何应用？

　　3．建筑图中的定位轴线是如何编号的？

　　4．建筑总平面图和平面图分别表达哪些内容？

　　5．建筑立面图如何命名？需要表达哪些内容？

　　6．建筑剖面图宜在什么部位剖切？剖面图要表达哪些内容？

　　7．建筑平面图、立面图、剖面图之间有什么联系？读图时应该注意什么？尺寸标注应注意什么？

　　8．建筑详图如何表达？有哪些特点？

　　9．绘图时图线的粗细如何区分？

　　10．如何阅读和绘制楼梯详图？

（二）室内设计制图与识图

　1．基本知识概述

　　室内设计图纸是用于表达室内设计装修方案和指导装修施工的图样，是装修施工和验收的依据。室内设计制图主要采用正投影法绘制，其图纸内容包括室内平面图、室内顶棚平面图、室内立面图和细部节点详图等。

　　目前我国还没有制定出室内装饰工程的统一制图标准，实际应用中按《房屋建筑制图统一标准》执行。

　2．室内平面图

　　室内平面图的形成是用一个与地面平行的假想平面在窗台上方把整个房屋水平剖开，移去上半部分后得到的水平正投影图，如图2-140所示。

　　（1）室内平面图表达的内容。如图2-141所示为某居室的平面布置图，图中主要表明内容有：

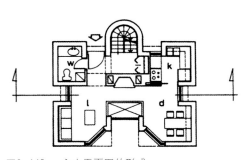

图2-140　室内平面图的形成

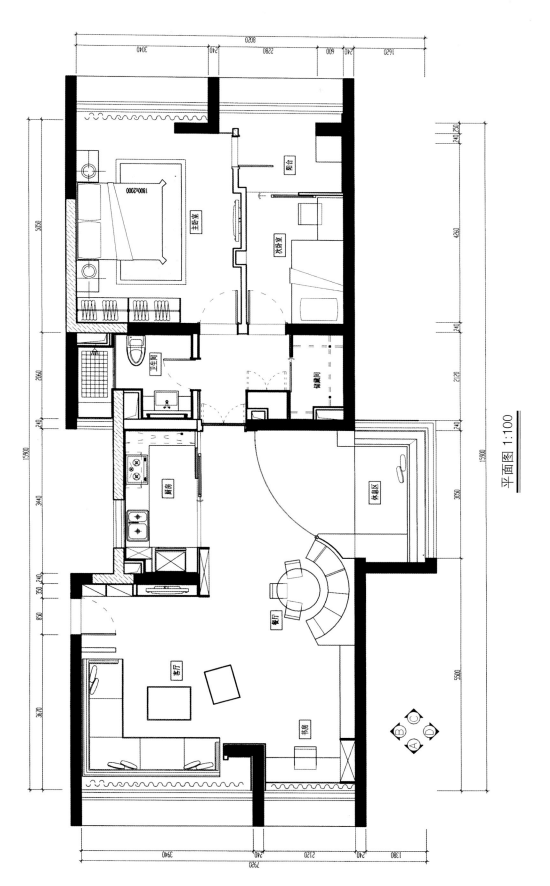

平面图 1:100

图2-141 室内平面图画法示例

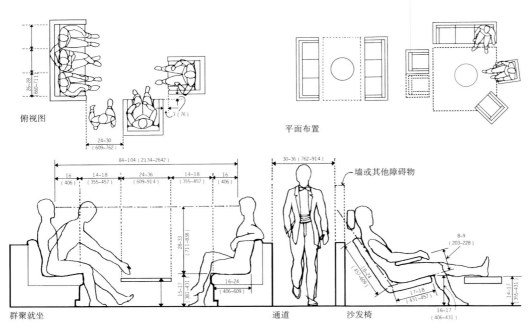

俖视图　　　　　　　　　　　　　　　　　　　　　平面布置

群聚就坐　　　　　　　　　　　通道　　　沙发椅

图2-142　客厅活动尺寸示例

① 原有的建筑结构尺寸，反映各门窗的位置及尺寸。绘制室内设计平面布置图时可对原有的建筑平面图进行简化，可省略原建筑施工图中的详细尺寸、定位轴线、门窗编号等。用图例清晰地表示出各组成部分内所布置的各类设施即可。

② 各房间的分布及大小，反映家具的摆放和其他设施（卫生洁具、厨房用具、家用电器、绿化等）的

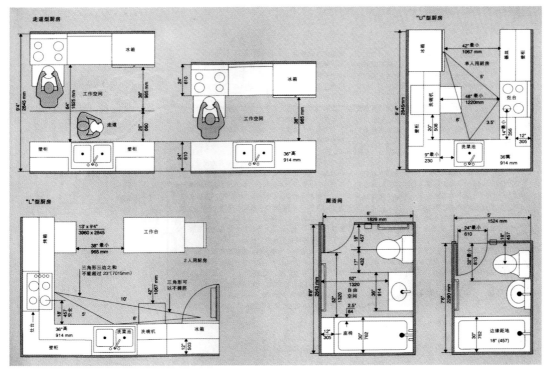

图2-143　厨房活动尺寸示例

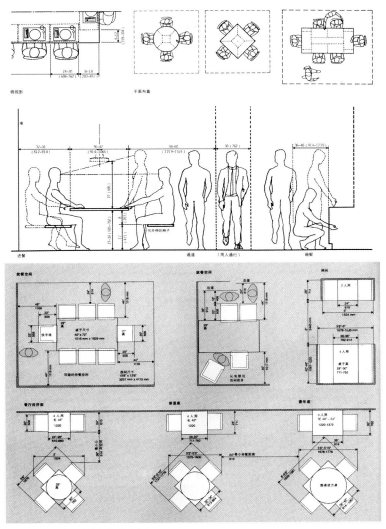

图 2-144 餐厅活动尺寸示例

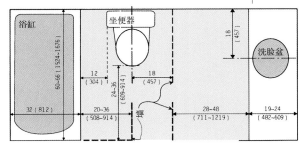

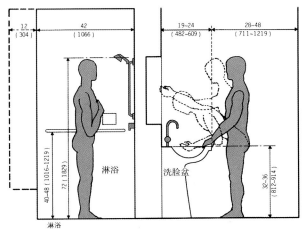

图2-145 卫生间活动尺寸示例

平面布置。根据设计各类物件的外观形状及尺寸大小，用细实线按比例绘制出它们的投影轮廓即可。绘制过程中要注意各物件的合理分布，应根据人在室内的各类活动尺寸绘制，如图2-142~图2-145所示，可参考人体工程学中的各类空间的活动特点来绘制。

③ 各立面图在平面图上的内视符号，标注必要的各类尺寸（开间尺寸、装修构造的定位尺寸、细部尺寸及标高等）。内视符号用于标明室内各立面的视点方向、位置，常见的种类及画法，如图2-146所示。三角形尖端所指的是该立面的投影方向，圆内的字母表示该立面的编号。

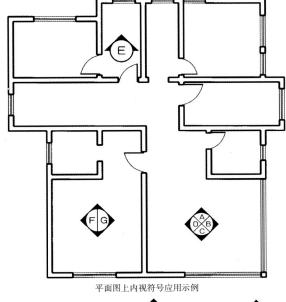

平面图上内视符号应用示例

单面内视符号　双面内视符号　四面内视符号

图2-146 内视符号

④ 文字说明。图内的文字说明主要包括房间的名称、工艺的做法和要求、某些装饰构件的名称等。

(2)制图步骤。

① 定好图幅、选定合适的比例。

② 画出墙体中心线及墙体厚度。

③ 定出门窗位置。

④ 画出室内隔断、各个房间的家具及相关的室内设施。

⑤ 标注尺寸、内视符号及文字说明。

⑥ 检查后按线宽标准加深图线。墙、柱用粗实线画，门窗、楼梯、家具摆设用中实线画，家具的材质纹理表示和地面分隔线用细实线画。

3．室内地面铺装图

在原室内平面图中省略家具配置等内容，只剩下地面铺装的投影，这部分即是室内地面铺装图，需要标出相应的材料名称和规格。当然，也可以把地面铺装图直接画在室内平面图的图纸上。单独把铺装图画出来的好处是更清晰、明白，如图2-147所示。室内地面图表达的内容有：

① 标出地面铺装的材料、规格、分格、图案拼花等内容。板材铺装的地面应用细实线画出板材的分格线，以表示施工时的铺装方向；拼花造型的地面应表示出造型图案的样式、材料、色彩等。

② 铺装的尺寸标注及文字说明。

室内地面铺装图的画法步骤与室内平面图的画法步骤相同。最后一步加深图线时墙、柱用粗实线绘制，藻井、灯饰等主要轮廓线用中实线，顶棚装饰线、面板分格线等次要轮廓线用细实线。

4．室内顶棚平面图

室内顶棚平面图又称天花图，可采用镜像投影法绘制，其平面结构应与室内平面图一致，如图2-148所示。

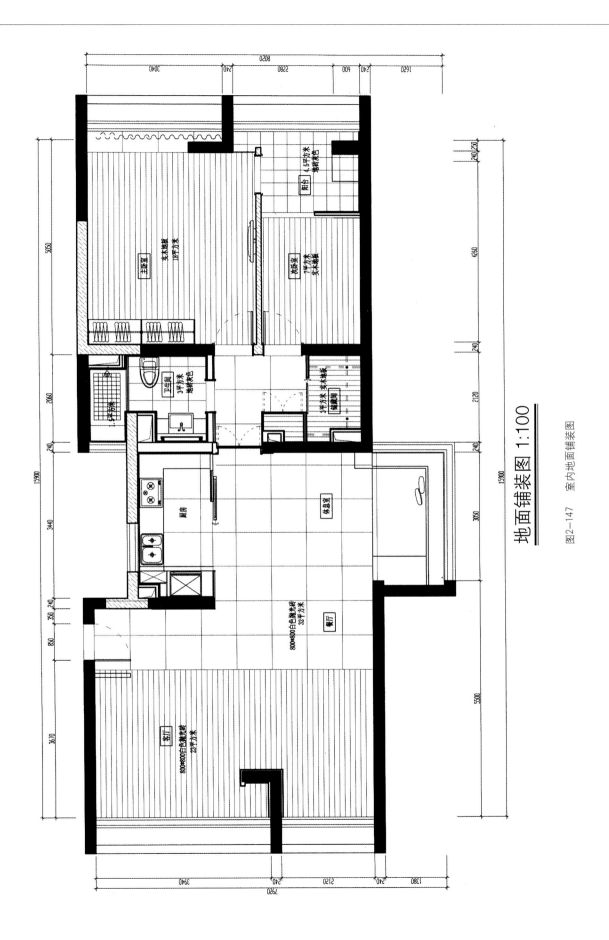

地面铺装图 1:100

图2-147 室内地面铺装图

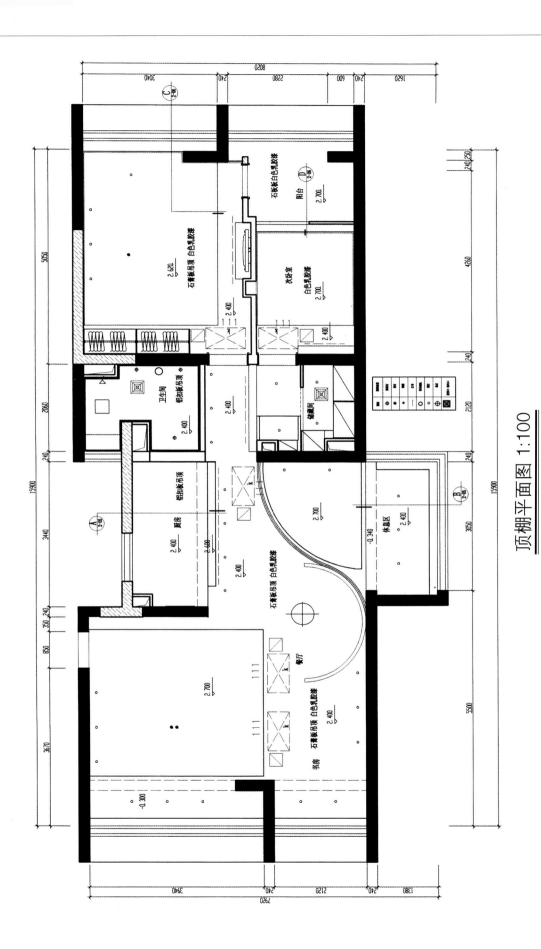

顶棚平面图 1:100

图2-148 室内顶棚平面图

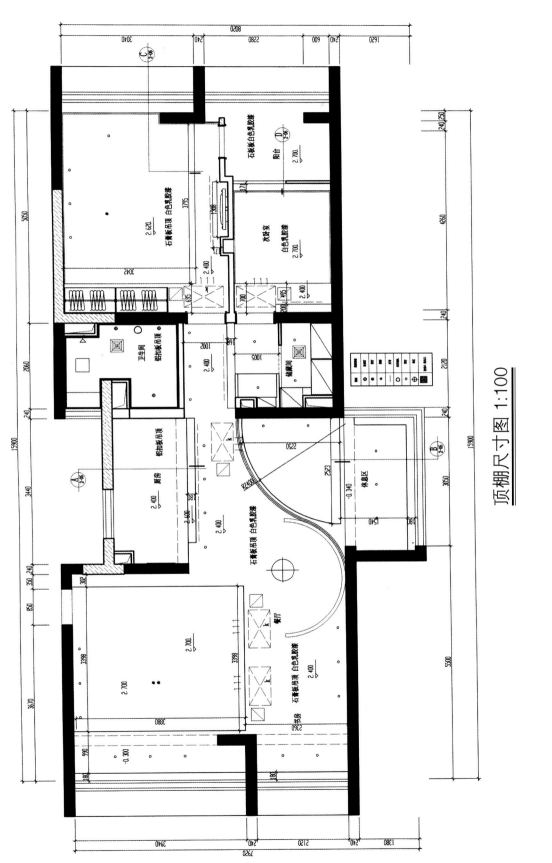

顶棚尺寸图 1:100

图2-149 室内顶棚尺寸图

图例	图例说明
 ⊕	防雾灯
●	射灯
○	烟感报警器
——	灯带
○	音乐喇叭
○	筒灯
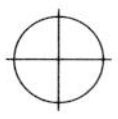 ⊕	吊灯
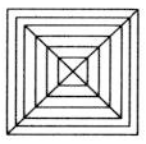 ▣	检修口 排风口

图2-150 顶棚图例说明

室内顶棚平面图表达的内容包括：

① 绘制室内顶棚的形状大小及结构。结构应与室内平面图相一致，不需要画出门窗及家具的图例和位置。

② 绘制顶棚的材料名称、规格、施工工艺要求等。对需要详细表达的部位应画出详图。

③ 绘制顶棚上灯具、窗帘的安装位置和大致形状；绘制空调口、烟感报警器、喷淋头等，并附属设施简图，如图2-150所示。

④ 顶棚的标高及相应的尺寸标注。标高指该顶棚离本层楼板面的高度。

室内顶棚图的画法步骤与室内平面图一致。最后一步加深图线时，墙、柱用粗实线画，顶棚装饰线、面板分格线等用细实线画。

5. 室内立面图

室内立面图是按正投影法绘制，平行于各个墙面的正投影图，用于表达室内各个立面的装饰结构形状及物品的摆放位置等。室内立面图有时也伴随着墙体或顶棚的剖面图出现，称为剖立面图。如图2-151为根据一儿童房的平面图绘制的立面图。

（1）室内立面图表达的内容。

① 室内立面的轮廓、装修造型、各种配件、构件的结构关系。对需详细表达的部位应绘制详图。

② 表明家具、灯具、陈设的形状和相互位置的关系。

③ 标注各类装饰材料的名称、规格、颜色及工艺做法等。

④ 标注各种必要的尺寸和标高。立面图的名称应根据平面图中内视符号的编号或字母确定并与之保持一致。

（2）画法步骤。

① 定好图幅、选定合适的比例。

② 绘制立面的主要轮廓线及主要分隔线。

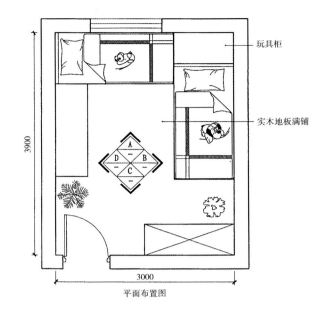

玩具柜

实木地板满铺

3900

3000

平面布置图

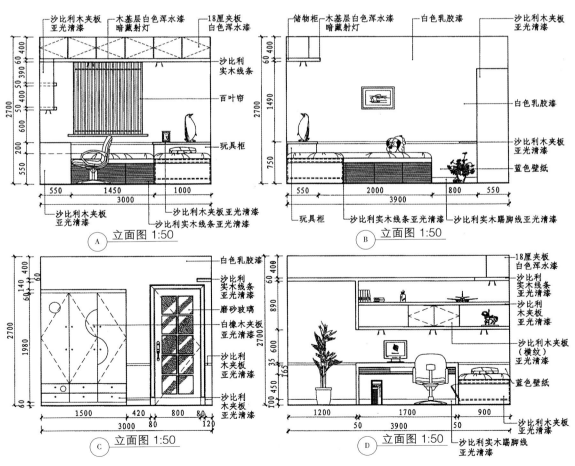

沙比利木夹板
亚光清漆

木基层白色浑水漆
暗藏射灯

18厘夹板
白色浑水漆

沙比利
实木线条

百叶帘

玩具柜

400 60
2700 400 390 50
600
200
550

550   1450   1000
3000

沙比利木夹板
亚光清漆

沙比利木夹板亚光清漆

沙比利实木线条亚光清漆

Ⓐ 立面图 1:50

储物柜

木基层白色浑水漆
暗藏射灯

白色乳胶漆

沙比利木夹板
亚光清漆

400 60
2700 1490
750

白色乳胶漆

沙比利木夹板
亚光清漆

蓝色壁纸

550   2000   800   550
3900

玩具柜

沙比利实木线条亚光清漆

沙比利实木踢脚线亚光清漆

Ⓑ 立面图 1:50

白色乳胶漆

沙比利
实木线条
亚光清漆

磨砂玻璃

白橡木夹板
亚光清漆

沙比利
木夹板
亚光清漆

400 60
140 60
2700 1980
60

1500   420   800   80
3000   80   120

沙比利
木夹板
亚光清漆

Ⓒ 立面图 1:50

18厘夹板
白色浑水漆

沙比利
实木线条
亚光清漆

沙比利
木夹板
亚光清漆

沙比利夹板
（横纹）
亚光清漆

蓝色壁纸

400 60
890
2700 600
35
165
450 100

1200   1700   900
50   3900

沙比利木夹板
亚光清漆

沙比利实木踢脚线
亚光清漆

Ⓓ 立面图 1:50

图2-151 儿童房间立面图

③ 绘制门窗、家具及立面造型的投影。

④ 完成各细部作图。

⑤ 检查后按线宽标准加深图线。建筑主体结构的梁、墙、楼板用粗实线画，立面主要造型轮廓线、家具外轮廓线用中实线画，次要轮廓线、材料装饰线用细实线画。

6．室内详图

室内详图是指装修细部的施工图。由于受室内平、立面图比例的限制，一些细部构造难以表达清楚。因此，实际画图时，将一些装修细部、装修配构件和装修剖面节点用适当的方式（投影图、剖面图等）用较大的比例单独画出，这样的图样称为详图。其作用就是要详细表达局部的结构形状、制作要求等。详图的表达方式多采用局部剖面图和断面图。室内详图表达的内容有：

① 反映构件的详细结构、规格、材料及工艺要求。

② 反映各配件之间的位置、安装及固定方式。

③ 标注相应的尺寸、文字说明。详图的名称应与室内平、立面图中的索引符号一致。

室内详图的画法步骤与室内平面图、立面图的画法基本相同。最后一步加深图线时，建筑主体的墙、梁、板用粗实线画，主要造型轮廓线如龙骨、夹板等用中实线画，次要轮廓线用细实线画。

室内详图的画法见图2-152和图2-153。

思考题

1．室内平面图和顶棚图是如何形成的？要表达哪些内容？

2．室内立面图应表达什么内容？

3．制图时，粗细线如何分类？针对不同物体如何正确使用粗细线？

4．室内尺寸标注与建筑尺寸标注的区别在哪里？

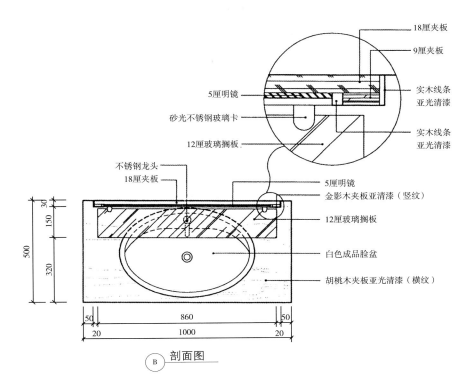

图2-152 大样图实例

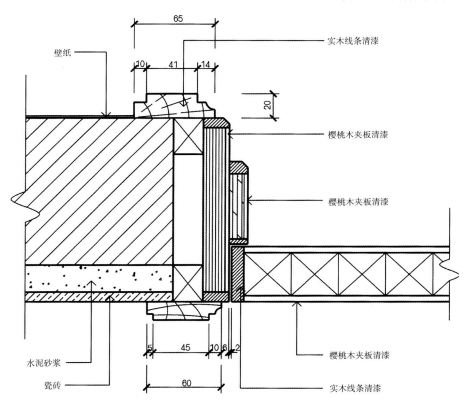

图2-153 详图实例

【附】室内施工图绘制中常用物品图例

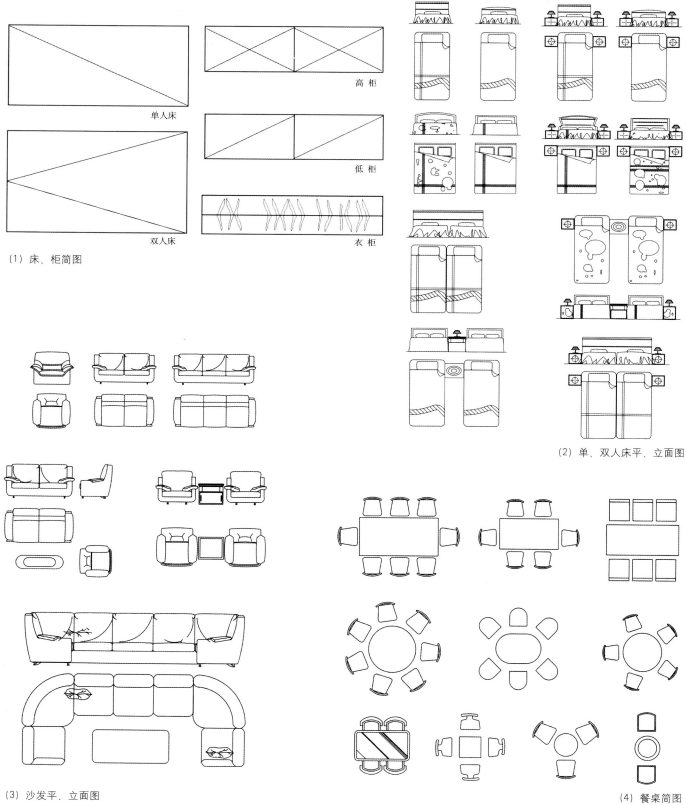

单人床

高柜

双人床

低柜

衣柜

(1) 床、柜简图

(2) 单、双人床平、立面图

(3) 沙发平、立面图

(4) 餐桌简图

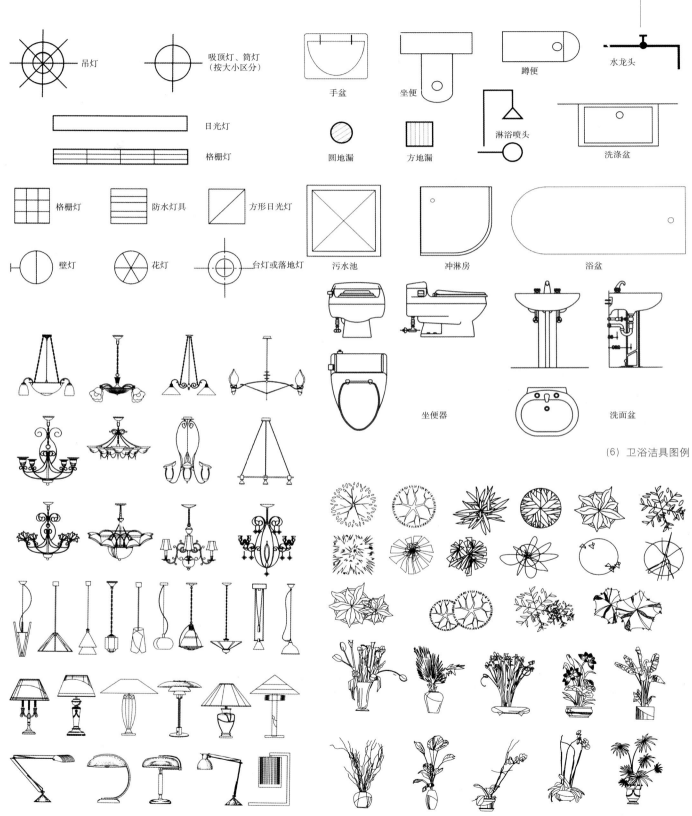

吊灯

吸顶灯、筒灯
（按大小区分）

手盆

坐便

蹲便

水龙头

日光灯

格栅灯

圆地漏

方地漏

淋浴喷头

洗涤盆

格栅灯

防水灯具

方形日光灯

污水池

冲淋房

浴盆

壁灯

花灯

台灯或落地灯

坐便器

洗面盆

(6) 卫浴洁具图例

(5) 灯具简图及图例

(7) 盆景绿化平、立面图

（三）景观设计制图与识图

1．基本知识概述

景观设计图是设计人员结合相关的设计原理、工程技术和制图基本知识而绘制的专业图纸。一般设计过程可划分为五个阶段：任务书阶段、现场调研阶段、方案设计阶段、初步设计阶段和施工图设计阶段。

2．景观设计要素表示方法

（1）地形的表示法。

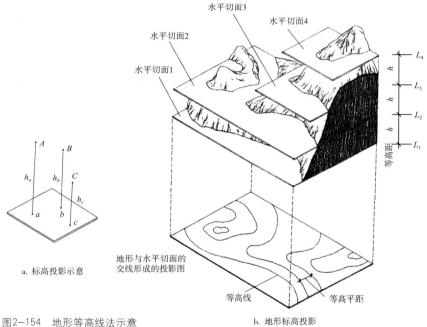

a. 标高投影示意

地形与水平切面的
交线形成的投影图

b. 地形标高投影

图2-154　地形等高线法示意

① 地形平面图的作法。地形的平面表示主要采用图示和标注的方法。等高线法是地形最基本的图形表示方法，在此基础上可获得地形的其他直观表示法。标注法则主要用来标注地形上某些特殊点的高程。

A．等高线法。等高线法是以某个参照水平面为依据，用一系列等距离假想的水平面切割地形后所获得的交线的水平正投影（标高投影）图表示地形的方法。如图2-154所示，两相邻等高线切面（L）之间的垂直距离h称为等高距，水平投影图中两相邻等高线之间的垂直距离称为等高线平距，平距与所选的位置有关，是个变值。地形等高图上只有标注比例尺和等高距后才能解释地形。一般地形图中只有两种等高线，一种是基本等高线，称为首曲线，常用细实线表示。另一种是每隔四根首曲

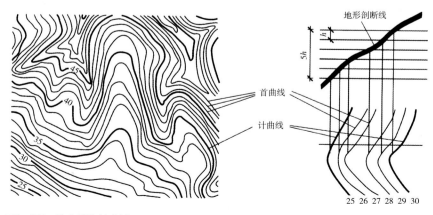

图2-155　首曲线和计曲线

线加粗一根并注上高程的等高线，称为计曲线，如图
2-155所示。有时为了避免混淆，原地形等高线用虚
线，设计等高线用实线。

B．坡级法。在地形图上，用坡度等级表示地形
的陡缓和分布的方法叫坡级法。这种图方式比较直
观，便于了解和分析地形，常用于基地现状和坡度分
析图中。不同的坡度范围内的坡面，可用线条或色彩
加以区分，常用的区别方法有影线法（图2-156）和
单色或复色渲染法。

C．分布法。分布法是地形的另一种直观表示法，
将整个地形的高程划分成间距相等的几个等级，并用
单色加以渲染，各高度等级的色度随着高程从低到高
的变化也逐渐由浅变深。地形分布图主要用于表示基
地范围内地形变化的程度、地形的分布和走向，（见图
2-157）。

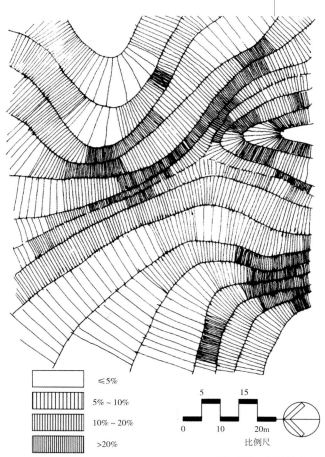

	≤5%
	5%～10%
	10%～20%
	>20%

图2-156　影线坡级法

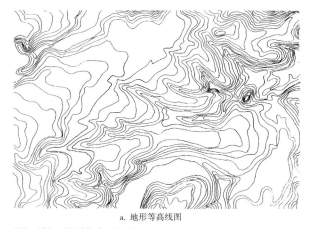

a. 地形等高线图

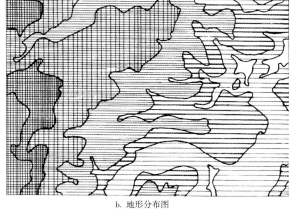

b. 地形分布图

图2-157　地形分布图示法

D．高程标注法。当需要表示地形图中某些特殊的地形点时，可用十字或圆点标记这些点，
并在标记旁注上该点到参照面的高程，高程常取到小数点后第二位，这些点常处于等高线之间，
这种地形表示法称为高程标注法，见图2-158。此方法适用于标注建筑物的转角、墙体和坡面等

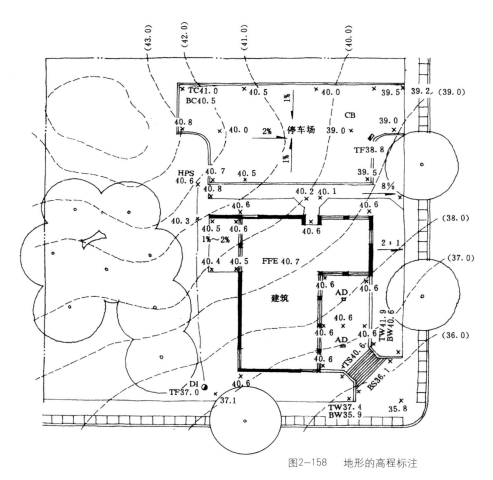

图2-158 地形的高程标注

HPS—排水明沟顶点；TC—路牙顶面；BC—路牙底面；TW—墙顶面；BW—墙底面；TS—台级顶面；BS—台级底面；CB—排水口盖；TF—盖口高程；FFE—设计地面高程；AD—地面汇水点；DI—排水入水口； (42.0) —原等高线；42.1—设计后等高线

顶面和底面的高程，以及地形图中最高和最低等特殊点的高程。因此，场地平整、场地规划等施工图常用高程标注法。

② 地形剖面图的作法。作地形剖面图应先根据选定的比例结合地形平面图作出地形的剖断线，然后绘出地形的轮廓线，并加以表现，便可得到较完整的地形剖面图。以下着重介绍地形剖断线和轮廓线的作法。

A．地形剖断线的作法。求作地形剖断线的方法较多，此处只介绍一种简便的作法。首先在描图纸上按比例画出间距等于地形等高距的平行线组，并将其覆盖到地形平面图上，使平行线组与剖切位置线相吻合，然后，借助丁字尺和三角板作出等高线与剖切位置线的交点，如图2-159a所示，再用光滑的曲线将这些点连接起来并加粗加深，即得到地形剖断线，如图2-159b所示。

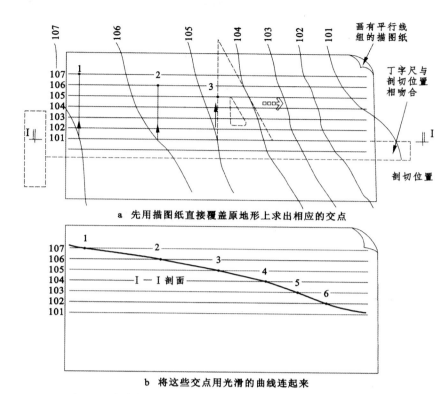

a　先用描图纸直接覆盖原地形上求出相应的交点

b　将这些交点用光滑的曲线连起来

图2-159　地形剖断线的作法

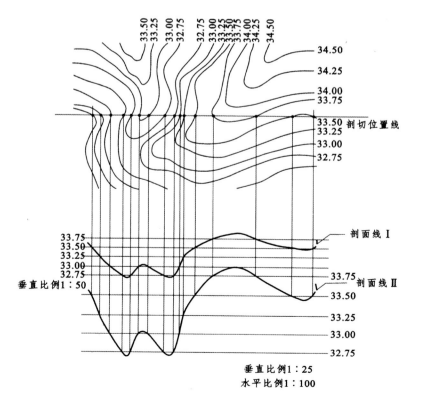

图2-160　地形断面的垂直比例

B．垂直比例。地形剖面图的水平比例应与原地形平面图的比例一致，垂直比例可根据地形情况适当调整。当原地形平面图的比例过小，地形起伏不明显时，可将垂直比例扩大5～20倍。采用不同的垂直比例所作的地形剖面图的起伏不同，且水平比例与垂直比例不一致时，应在地形剖面图上同时标出这两种比例，如图2-160所示。

C．地形轮廓线。在地形剖面图中除需表示地形剖断线外，有时还需表示地形剖断面没有剖切到但又可见的内容。可见地形用地形轮廓线表示。

求作地形轮廓线实际上就是求作该地形的地性线和外轮廓线的正投影。如图2-161所示，图中虚线表示垂直于剖切位置线的地形等高线的切线，将其向下延长与等距平行线组中相应的平行线相交，所得交点的连线即为地形轮廓线。

树木投影的作法为：将所有树木按其所在的平面位置和所处的高度（高程）定到地面上，然后画出这些树木的立面，并根据前挡后的原则擦除被挡住的图线，描绘出留下的图线即得树木投影。

有地形轮廓线的剖面图的作法较复杂，若不考虑地形轮廓线，则做法要相对容易些。因此，在平地或地形较平缓的情况下可不作地形轮廓线，当地形较复杂时应作地形轮廓线。

（2）植物的表示法。

①　树木。树木的平面表示可以树干位置为圆心、树冠的大小为直径作出大小合适的圆，再加以不同的树木种类的表现。根据不同的表现手法可将树木的平面图分为四种类型，如图2-162所示。

树木的平面画法无严格的规定，实际绘图时，可根据构图需要创造多种画法。

树木的立面表示方法也可分成轮廓型、分枝型和质感型等几

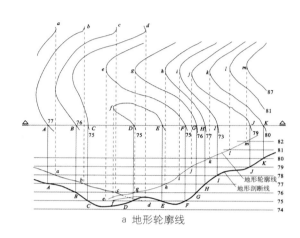

a 地形轮廓线

b 树木的投影

图2-161　地形轮廓线的作法

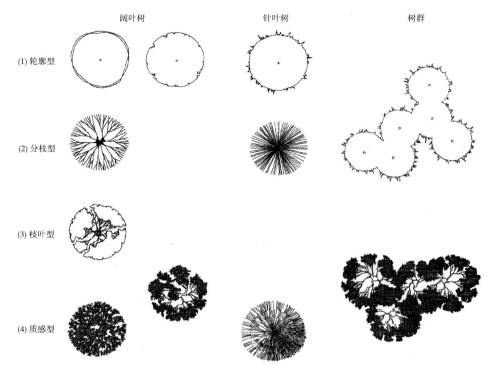

阔叶树　　　　　针叶树　　　　　树群

(1) 轮廓型

(2) 分枝型

(3) 枝叶型

(4) 质感型

图2-162　树木平面的四种表示类型

图2-163　写实式画法

类，但分类并不十分严格。立面的表现也可有写实、图案、变形等形式，如图2-163～图2-165所示。

　　总之，在绘制树木的平、立面时要使图面的风格保持一致，保证树木的平面冠径与立面冠幅相等，使整张图面风格

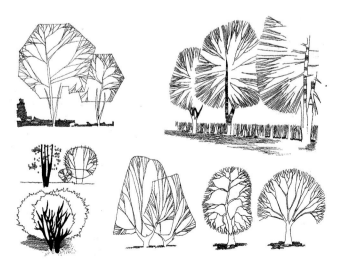

图2-164　图案式画法

图2-165　变形式画法

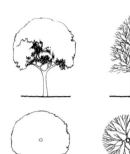

和表现手法和谐统一，如图2-166～图2-168所示。

② 灌木、地被。灌木没有明显的主干，平面形状多变。自然式灌木丛的平面形状多为不规则，修剪过的灌木形状多为规则或不规则但平滑。通常，修剪的规则灌木可用轮廓、分枝或枝叶型表示，不规则形状的灌木平面宜用轮廓型和质感型表示，表示时以栽

图2-166 树木平、立面图保持一致

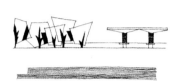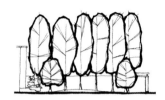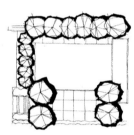

图2-167 树木平、立面表现手法一致

图2-168 树木平、立面表现风格一致

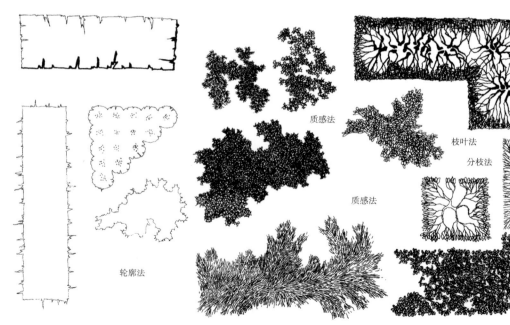

图2-169 灌木和地被物画法

植范围为准，如图2-169所示。

地被植物宜采用轮廓勾勒和质感表现的形式。作图时应以地被栽植的范围线为依据，用不规则的细线勾勒出地被的范围。

③ 草地、草坪。草地、草坪的表示方法很多，下面介绍一些主要的表示方法。

打点法：用点来表示草地，所打的点大小应基本一致，无论疏密，点都要打得相对均匀。

小短线法：将小短线排列成行，每行之间的间距相近并排列整齐，可用来表示草坪。

线段排列法：绘图时要求线段排列整齐，行间有断断续续的重叠，也可稍许留些空白或行间留白。另外，也可用斜线排列表示草坪，排列方式可规则，也可随意。

(3) 水体的表示法。

① 水面的表示法。在平面上，水面表示可采用线条法、等深线法、平涂法和添景物法，前三种为直接的水面表示法，最后一种为间接表示法。

线条法：即用工具或徒手排列的平行线来表示水面的方法。作图时，既可以将整个水面全部用线条均匀地布满，也可以局部留空白，或者只局部画些线条。线条可采用波纹线、水纹线、直线和曲线等。

等深线法：即在靠近岸的水面中，依岸线的曲折作二三根曲线，这种类似等高线的闭合曲线称为等深线。通常形状不规则的水面用等深线表示。

平涂法：用水彩或墨水平涂表示水面的方法。用水

图2-170 草地．草坪画法

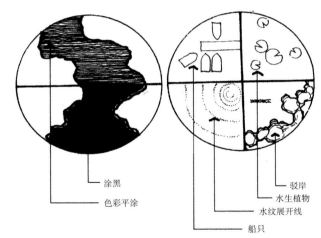

涂黑
色彩平涂

驳岸
水生植物
水纹展开线
船只

水面的间接表示法

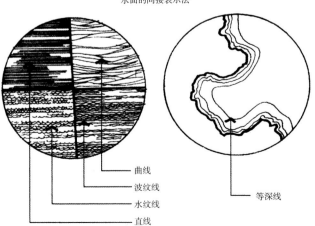

曲线
波纹线
水纹线
直线

等深线

水面的直接表示法

图2-171 水面的几种表示法

图2-172 线条法表示瀑布

图2-173 留白法表示喷泉、跌水

图2-174 光影法表示水体

彩平涂时，可将水面渲染成类似等深线的效果。先用淡铅作等深线稿线，等深线之间的间距应比等深线法大些，然后再一层层地渲染，使离岸较远的水面颜色较深。

添景物法：即利用与水面有关的一些内容表示水面的一种方法。与水面有关的内容包括一些水生植物（如荷花、睡莲）、水上活动工具（如湖中的船只、游艇）、码头和驳岸、露出水面的石块及其周围的水纹线、石块落入湖中产生的水圈等。

② 水体立面表示法。水体的立面经常表现为喷泉、瀑布、跌水等，其常见的表现方法有线条法、留白法与光影法。

线条法：即用细实线或虚线勾画出水体立面造型，作图时需注意线条要与水体流动的方向保持一致，对水体的造型要准确，特别是水体轮廓线要避免呆板生硬，如图2-172所示。

留白法：即把水体的背景或配景画暗来衬托水体造型的一种表示方法。该方法适用于表现水体的洁白和光亮，或水体的透视及鸟瞰效果，如图2-173所示。

光影法：用线条结合色块（黑色或深蓝色）去综合表现水体的形状，并突出其轮廓和阴影的方法，如图2-174所示。

（4）山石的表示法。平面、立面图中的石块通常只用线条勾勒轮廓，很少采用光线、质感的表现方法，以免过于凌乱。用线条勾勒时，轮廓线要粗些，石块面、纹理可用较细、较浅的线条稍加勾绘，以体现石块的体积感。不同的石块，其纹理不同，有的圆浑，有的棱角分明，在表现时应采用不同的笔触和线条。剖面上石块的轮廓线应用剖断线，石块剖面上还可以加上斜纹线，如图2-175所示。

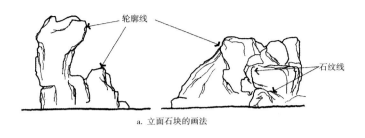

a. 立面石块的画法

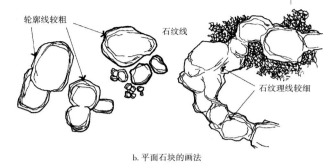

b. 平面石块的画法

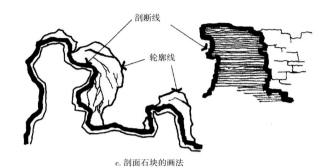

c. 剖面石块的画法

图2-175　石块的平面、立面、剖面表示

　　(5) 园路的表示法。景观设计中的园路表示的重点在于路面的形状、宽度、色彩及样式等。景观设计中的园路按其性质和功能可分为主要园路、次要园路和游憩小路三种类型。

　　主要园路和次要园路是通向景区中主要景点、主要建筑及管理区的道路。它们的路宽分别是4~6m及2~4m，且路面平坦，路线自然流畅。游憩小路是用于散步休息、进入各景点角落的道路，其宽度多为1~2m，且路面多平坦，也可根据地势让它变得起伏有致。

　　在景观设计的制图中，一般用平面图和断面图进行表现。平面图用于展示路面的形状、宽度、铺装样式等。断面图即园路纵向或横向在剖断状态下的投影图，用于表达与园路的施工工艺和具体尺寸。

　　① 平面图的表示。园路的平面线型是由直线和曲线组成的。在规划设计阶段，园路设计的主要是为了与地形、水体、植物、建筑物、铺装场地及其他设施合理结合，形成完整的风景构图，并使路的转折、衔接通顺，符合游人的行为规律。因此，规划设计阶段道路的平面表示以图形表示为主，基本不涉及数据的标注。

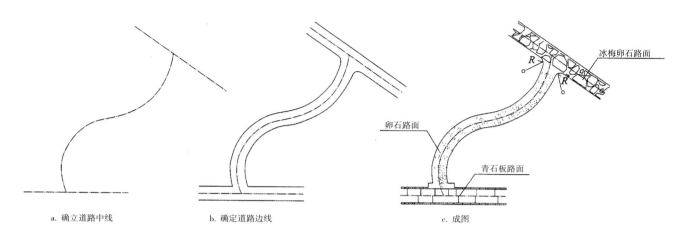

a. 确立道路中线　　　　　　　　b. 确定道路边线　　　　　　　　c. 成图

图2-176　道路平面画法

图2-176为道路平面画法的基本步骤：

确立道路中线 ——▶ 根据设计路宽确定道路边线 ——▶ 确定转角处转弯半径
或衔接方式，并可酌情表示路面材料。

在园路的施工图阶段，园路的平面图必须有准确的方格网和坐标，方格
网的基准点必须在实地有准确的固定位置。铺地的规格、尺寸要有准确的尺
寸标注。园路施工设计的平面图通常还需要大样图，以表示一些细节上的设
计内容，如路面的纹样设计，如图2-177所示。在路面纹样设计中，不同的路
面材料和铺地样式有不同的表示方法，如图2-178所示。

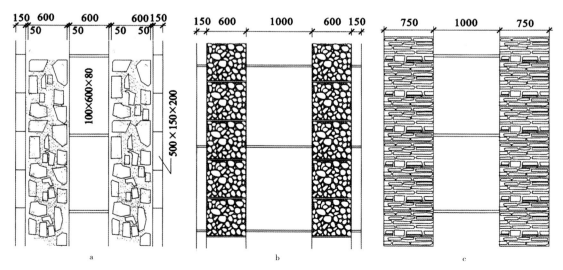

图2-177　道路施工设计平面大样

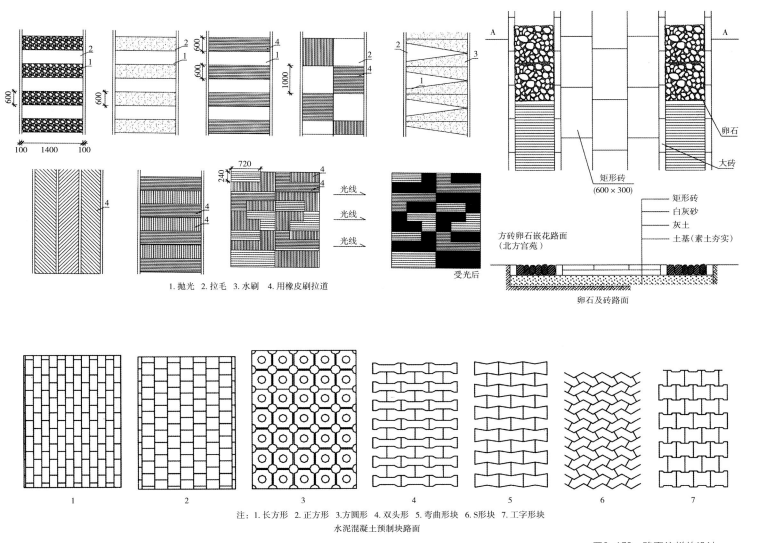

1.抛光　2.拉毛　3.水刷　4.用橡皮刷拉道

受光后

矩形砖
(600×300)

卵石

大砖

方砖卵石嵌花路面
(北方宫苑)

矩形砖
白灰砂
灰土
土基（素土夯实）

卵石及砖路面

注：1.长方形　2.正方形　3.方圆形　4.双头形　5.弯曲形块　6.S形块　7.工字形块
水泥混凝土预制块路面

图2-178　路面纹样的设计

② 断面图的表示。一般常见的有纵断面表现和横断面表现两种图示法。

A．横断面表示法：道路的横断面图能直接表现道路绿化的断面布置形式。道路横面设计所涉及的内容包括车行道、人行道、路肩（道牙）、绿化带、地上及地下管线共同敷设带、排水沟道、电力电信管线、照明电杆、分车岛、交通组织标志、信号和人行横道等，如图2-179所示。

B．纵断面表示法：纵断面图一般用来表达园路的走向、起伏状况以及设计园路纵向坡度状况与原地形标高的变化关系。

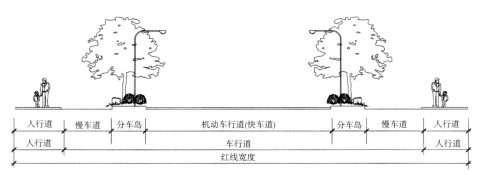

人行道	慢车道	分车岛	机动车行道(快车道)	分车岛	慢车道	人行道
人行道			车行道			人行道
			红线宽度			

图2-179　道路标准横断面图

其作法为：

a．按已规划好的园路走势确定并标出各个控制点的标高：如路线起点至终点的地面标高、两园路相交时道路中心线交点的标高、铁路的轨顶标高、桥梁的桥面标高、特殊路段的路基标高、设计园路与原地面标高等。

b．确立设计线：经过道路的纵向"拉坡"，确定道路设计线。所谓拉坡，就是综合考虑道路平面和横断面的填挖土方工程量以及道路周边环境情况而确定出的道路纵向线型。

c．设计竖曲线：根据设计纵坡角的大小、选用竖曲线半径并进行有关计算。当外距小于5mm时，可不设竖曲线。

d．标注其他要素：如桥、驳岸、挡土墙等的具体位置及标高。

C．结构断面表示法：道路的结构断面图主要表示路面的面层结构，即表层和基础的做法，分层情况，材料、施工要求和施工方法。具体分层尺寸及剖面上的标高，如图2-180所示。

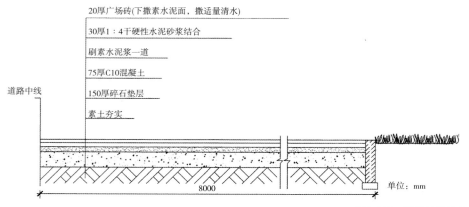

20厚广场砖(下撒素水泥面，撒适量清水)

30厚1：4干硬性水泥砂浆结合

刷素水泥浆一道

75厚C10混凝土

150厚碎石垫层

素土夯实

道路中线

8000

单位：mm

图2-180　道路铺装结构断面图

3．景观设计中平面、立面、剖面的形成

景观设计中的基本要素是地形、水、植物和建筑及构筑物。因此，景观中的平、立、剖面是以上述要素的水平面（或水平剖面）和立（剖）面得正投影所形成的视图，如图2-181所示。地形在平面图上用等高线表示，在立面或剖面图上用地形剖断线和轮廓线表示；水面在平、立面上分别用范围轮廓线和水位线表示；树木则用树木平面和立面表示。

景观剖面图是指某景观被一假想的铅垂面剖切后，沿某一剖切方向投影所得到的视图，如图2-182所示，其中包括园林建筑和小品等剖面。平面图上要标出相应的剖切符号，并和立面图名称相符。景观平、立、剖面中常用的比例见表2-17。

图2-181　景观设计中平、立面图的形成

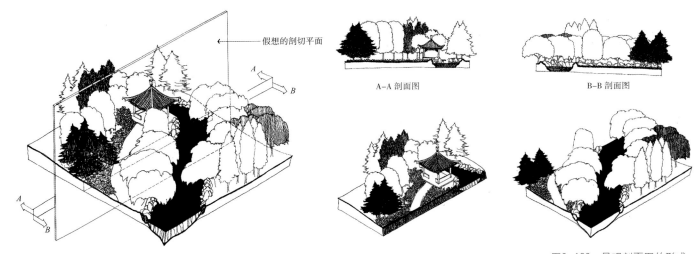

图2-182　景观剖面图的形成

表2-17　　比例的选用

图 纸 名 称	常 用 比 例	可 用 比 例
总 平 面 图	1:500、1:1 000、1:2 000	1:2 500、1:5 000
平面、立面、剖面图	1:50、1:100、1:200	1:150、1:300
详 图	1:1、1:2、1:5、1:10、1:20、1:50	1:25、1:30、1:40

4．景观设计制图

景观设计图按不同阶段可以分为方案设计、初步设计和施工

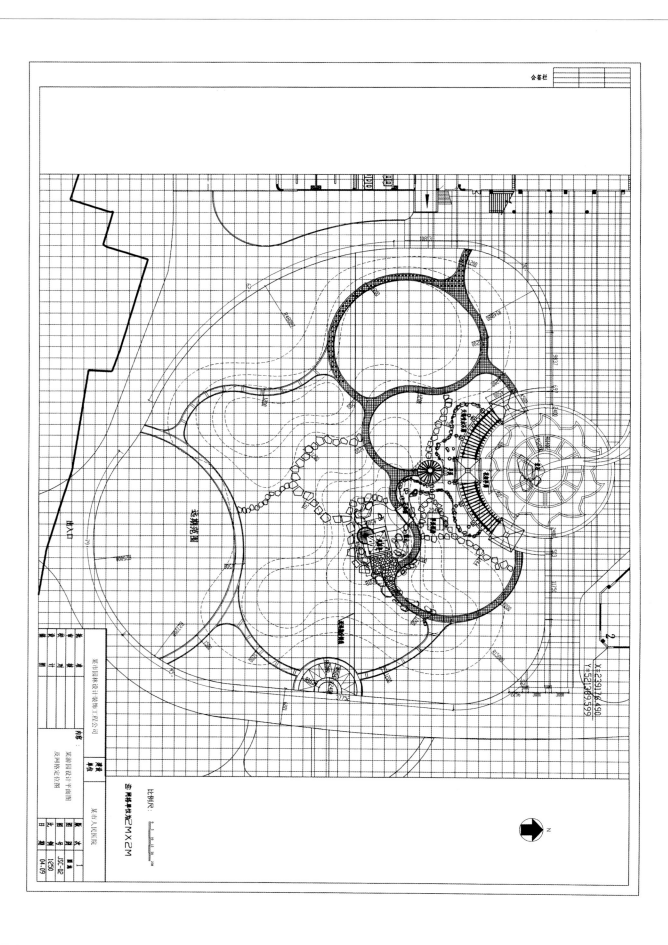

图2-184 某游园平面图及网格定位图

图设计。施工图阶段要求图纸规范，绘制清晰、详尽。图纸内容包括平面图、园林建筑施工图、水景施工图、假山施工图、园桥施工图、园路施工图、种植施工图、结构施工图、给排水施工图等。因施工图阶段图纸更详尽、规范。以下图纸主要以施工图为主。

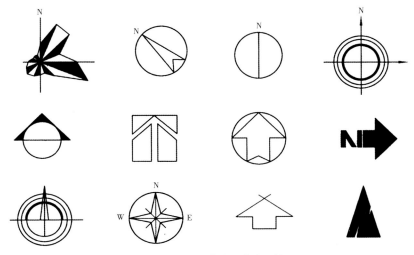

图2-183　指北针和风玫瑰图例

（1）景观平面图。景观设计平面图是规划范围内各种造景要素的水平投影图，是反映园林工程总体设计意图的主要图纸，如图2-184所示。

① 图示内容。

A．标题：说明平面图所画的内容。

B．图例表：说明图中一些自定义图例对应的含义。

C．设计红线：给出设计用地的范围，用红色粗双点划线标出。

D．地形水体：原地形、地貌，城市标高、高程，城市坐标。设计后的地形等高线用细实线绘制，原地形等高线用细虚线表示。水体一般用两条线表示，外面一条线表示水体边界线（即驳岸线），用粗实线绘制；里面的一条表示水面，用细实线绘制。

E．建筑和景观小品：在平面图中应标出建筑物、构筑物及其出入口、围墙的位置，并标注建筑物的编号。在大比例图纸中，对有门窗的建筑，可采用通过窗台以上部位的水平剖面图来表示；对没有门窗的建筑，采用通过支撑柱部位的水平剖面图来表示。用粗实线绘制断面轮廓，用中实线画出其他可见轮廓。此外，也可采用屋顶平面图来表示（仅适用于坡屋顶和曲面屋顶），用粗实线画出外轮廓，用细实线画出屋面。对花坛、花架等景观小品用细实线画出投影轮廓。

F．道路、广场：道路中心线位置，主要的出入口位置，及其附属停车场地和车位位置。用细实线画出路缘，对铺装路面和广场也可按设计图案简略画出。

G．植物：一般采用图例来表示。图例中应区分出针叶树、落叶树、常绿树、乔木、灌木、花卉、水生植物等。树冠的投影要按成龄以后的树冠大小画。

H．山石：应采用其水平投影轮廓线表示，以粗实线绘制出边缘轮廓，以细实线概括出山石的纹理。

I．标注定位尺寸或坐标网格：在设计平面图中有两种定位方式，一种是根据原有景物定位，标注新设计的主要景物与原有景物之间的相对距离，另一种是采用坐标网格定位。在采用直角坐标网格定位时，应该画出定位轴线。定位轴线直接用直角坐标网线来表示，并在其一端绘制出直径为8mm的圆圈，圆圈的圆心应在定位轴线的延长线上，如图2-185所示。

在总平面图上，定位轴线的编号标注在图样的下方和左侧，横向用阿拉伯数字，从左向右按顺序编号；竖向编号应用大写拉丁字母，按从下至上的顺序编写。其中图2-185a中的基准点是"0"，基准线分别是横向坐标方向为Ⓐ，纵向坐标方向为①；图2-185b的基准线通过数字注解来说明。不管采用哪种形式，都应清楚表明基准点和基准线的位置。坐标网格可用 (2m×2m)～(10m×10m) 的方格，按需而定，其比例与图中一致。

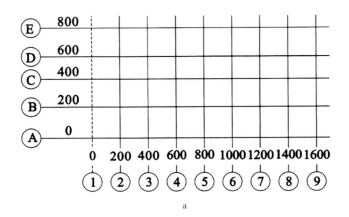

a

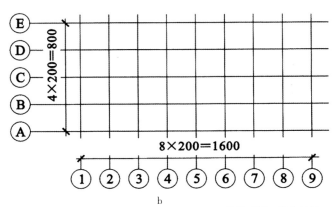

b

图2-185 定位轴线

J．绘制比例、风玫瑰图或指北针,注写说明性的标识和文字。

② 识读方法。

A．看图名、比例、设计说明及风玫瑰图或指北针：了解设计意图和工程性质、设计范围和朝向等。

B．看等高线和水位线：了解景区的地形和水体布置情况。

C．看图例和文字说明：明确新建景物的平面位置，了解总体布局情况。

D．看坐标及尺寸：根据坐标及尺寸查找施工放线的依据。

(2) 景观竖向设计图。竖向设计图也叫地形设计图，是根据设计平面图及原地形图绘制的地形详图，借助标注高程的方法，表示地形在竖直方向上的变化情况。它主要为工程土方预算、地形改造的施工方法和要求提供依据。

① 图示内容。如图2-186所示，此图主要表达了各种造景要素的坡度和各点高程。

A．绘制等高线：根据地形设计,选定等高距,用细实线绘制出设计地形等高线,用细虚线绘制出原地形等高线。等高线上应标注高程，高程数字处等高线应断开，高程数字的字头应朝向山头，数字要排列整齐。周围平整地面的高程定为±0.00,高于平整地面为正，数字前加"+"号，习惯上将该符号省略；低于地面为负，数字前注写"-"号。高程单位为米 (m) , 要求保留两位小数。

对于水体，用特粗实线表示水体边缘线（即驳岸线）。当湖底为缓坡时，用细实线绘出湖底等高线，同时均需标出高程，并在标注高程的数字处将等高线断开。当湖底为平面时，用标高符号标注湖底高程，标高符号下面应加画短横线和45°线表示湖底。

B．标注：平面图中的建筑、山石、道路、广场等物体，用水平投影法将其外形轮廓绘制到地形设计图中，建筑用中实线绘制，广场、道路用细实线绘制。建筑应标注室内地坪标高，用箭头指向所在位置。山石用标高符号标注最高部位的标高。道路的高程标注在交汇、转向、变坡处，标注位置以圆点表示，圆点上方标注高程位置。

C．排水方向：根据坡度，用单箭头标注雨水排除方向。

D．方格网：为了便于施工放线,地形设计图中应设置方格网。

E．绘制比例、指北针，标写标题栏、技术要求等。

F．局部断面图：根据表达需要，在重点地区或坡度变化复杂的地段，可绘制出某一剖面的断面图，以便直观地表达该剖面图上的竖向变化情况。

② 识读方法。

A．看图名、比例、指北针、文字说明，了解工程名称、设计内容、所处方位和设计范围。

B．看等高线含义，看等高线的分布及高程标注，了解地形高低变化、水深程度、并与原地形对比，了解土方工程情况。从图2-186可见，该游园中间地势比周边稍高些，中心花架边上有一条旱溪，旱溪的高程为89.25m，底部平整。园中的东北部和西南部有两个缓坡土丘，高度在90～92.5m和90～91.5m之间。

C．看建筑、山石和道路高程。图中风雨亭置于高程为92.5m的地面上，为该景观的至高点。亭子边上设有假山，标高为92.2m。园路较为平坦，地形稍有起伏。周边的干道标高为89.6m。

D．看排水方向。从图中可见，该园路利用自然坡度排出雨水。园路为两侧排水（单侧排水），直接排入绿地。

E．看坐标网，确定施工放线依据。

（3）植物配置图。植物配置图是表示植物位置、种类、数量、规格及种植类型的平面图，是种植施工、定点放线的主要依据。如图2-187～图2-190为植物配置的相关图纸。

① 图示内容。

A．植物种植位置，通过不同的图例区分植物种类以及原有植被和设计植被。

B．利用引线标注每一组植物的种类、组合方式、规格、数量（或面积）。

C．表示出植物种植点的位置，规则式植栽标注出株间距、行间距以及端点植物与参照物之间的距离，自然式栽植往往借助坐标网格定位。

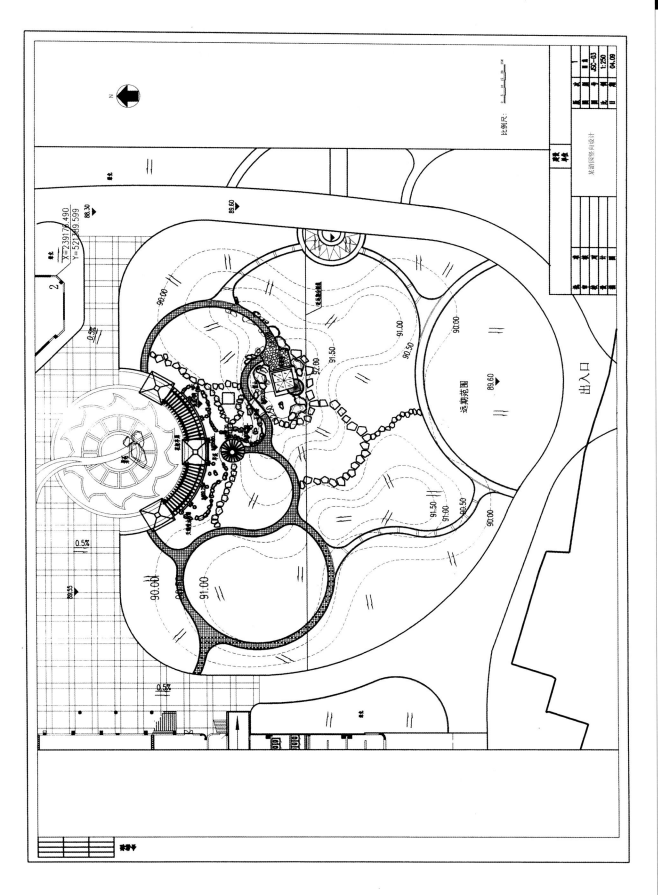

图2-186　某游园竖向设计图

图2-187 某游园植物总体配置图

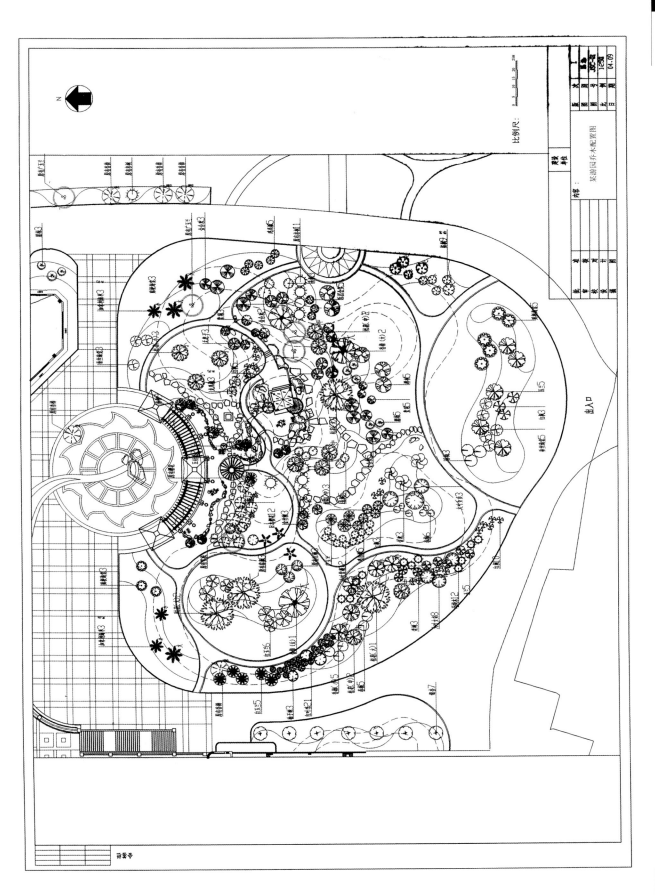

图2-188　某游园乔木配置图

图2-189 某游园灌木配置图

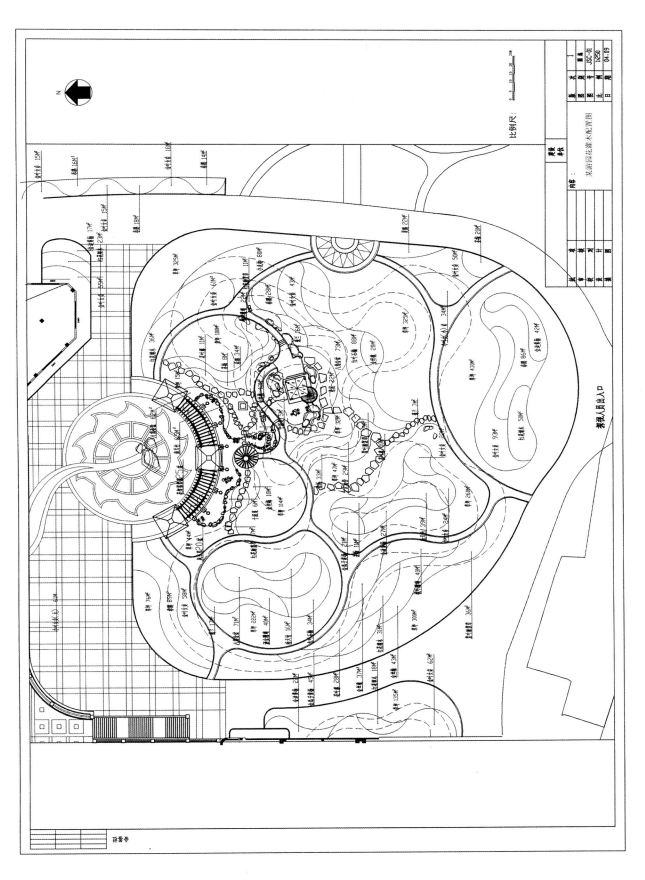

图2-190 某游园花灌木配置图

乔灌木明细表

序号	图例	中文名称		规格			数量	单位	备注
				高度(cm)	胸径(cm)	冠幅(cm)			
1		桂花	小	300～350	8～10	180～200	18	株	土球Ø60，假植苗
2			中	400～500	14～15	250～300	10	株	土球Ø80，假植苗
3			大	600～700	25以上	350～400	5	株	土球Ø100，假植苗
4		广玉兰		350～400	10～12	200～250	9	株	土球Ø60，假植苗
5		小叶杜英		250～300	8～10	180～200	20	株	土球Ø50，假植苗
6		香樟	小	400～450	15～18	300～350	11	株	土球Ø70，假植苗
7			大	500～600	25以上	400～450	6	株	土球Ø100，假植苗
8		大叶女贞		400～450	12～15	300～350	24	株	土球Ø50，假植苗
9		鸡爪槭		250～300	6～8	180～200	14	株	土球Ø50，假植苗
10		腊梅		250～300	8～10	180～200	20	株	土球Ø50，假植苗
11		红枫		150～180	5～6	100～120	37	株	土球Ø50，假植苗
12		红叶李		150～180	6～8	80～100	49	株	土球Ø50
13		日本樱花		250～300	8～10	120～150	47	株	土球Ø50
14		小叶紫薇		150～180	5～6	120～150	45	株	土球Ø50
15		玉兰		350～400	10～12	150～180	25	株	土球Ø50，假植苗
16		碧桃		250～300	6～7	180～200	8	株	土球Ø50

图2-191 局部乔灌木配置图例

D．配备准确统一的苗木表，通常苗木表的内容应包括编号、树种名称、数量、规格、苗木来源和备注等内容，有时还要标注上植物的拉丁学名、植物种植时和后续管理时的形状姿态，整形修剪的特殊要求等，如图2-191所示。

E．针对植物选苗、栽植和养护过程中需要注意的问题进行说明。

F．针对某些有着特殊要求的植物景观还需要给出这一景观的施工放样图和剖断面图。

② 识读方法。

A．看标题栏、比例、风玫瑰图或方位标，明确工程名称、所处方位和当地主导风向。

B．看图中索引编号和苗木统计表，根据图示中各植物的编号，对照苗木统计表及技术说明，了解植物的种类、数量、规格和配置方式。

C．看植物种植定位尺寸，明确植物种植的位置及定点放线的基准。

D．看种植详图，明确具体种植要求，组织种植施工。

（4）假山工程图。假山是景观设计中用土、石经艺术加工而堆砌起来以满足游赏、造景要求的小山。根据使用材料的不同，可分为土山和石山。假山施工图包括平面图、立面图、剖面图、基础平面图及详图等。

① 图示内容。

A．平面图：表示假山的平面布置及平面形状、周围的地形和假山在平面图中的位置。

B．立面图：表示假山的立面造型及主要部位高度，与平面图配合，可反映出峰、峦、洞、壑的相互位置。为了完整地表现出山体各面形态，便于施工，一般应绘出前、后、左、右四个方向的立面图。

C．剖面图：表示假山某处的内部构造及结构形式、断面形状、材料、做法和施工要求。

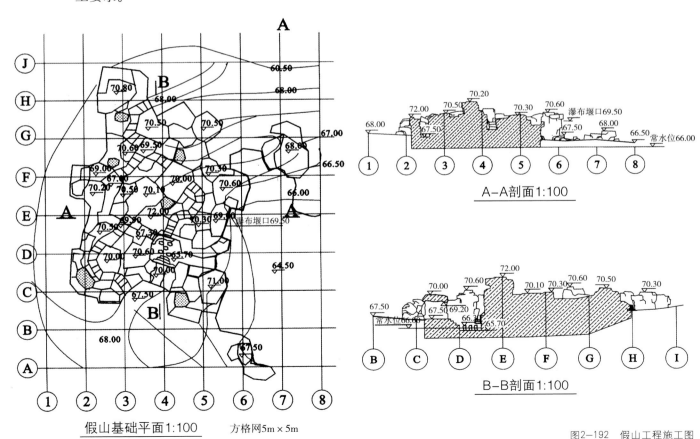

图2-192　假山工程施工图

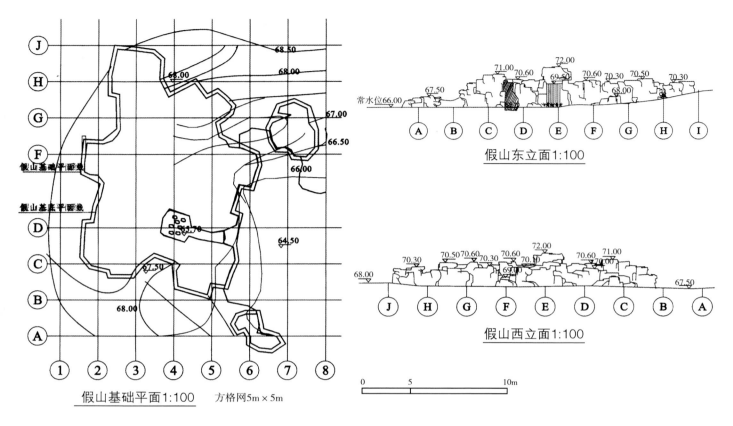

图2-192 假山工程施工图

D．基础平面图：表示基础的平面位置及形状。基础剖面图表示基础的构造和做法，当基础结构简单时，可与假山剖面图绘制在一起或用文字加以说明。

假山施工图中，由于山石素材形态奇特，所以设计尺寸不可能逐一标注，一般采用坐标方格网法控制。方格网的绘制，平面图以长度为横坐标，宽度为纵坐标；立面图以长度为横坐标，高度为纵坐标。网格坐标的比例应与图中比例一致。

② 识读方法（参阅图2-192）。

A．看标题栏及说明，了解工程名称、材料和技术要求。

B．看平面图，了解比例、方位、轴线编号，明确假山在总平面图中的位置、假山的平面形状和大小及其周围地形等情况。图中所示，该山体呈方形，中部设有瀑布和洞穴，前后散置山石，倚山面水，曲折多变，形成自然式山水景观。

C．看立面图，了解假山的立面形状及其高度，结合平面图弄清其前后层次，布局特点和造型特征。从图中可见，假山主峰位于中部，最高处为72m，位于主峰南部，在标高69m处，设有瀑布，瀑布右侧置有洞穴及谷壑。

D．看剖面图，根据图面上标注的剖切符号，了解断面形状、结构形式、材料、做法及各部高度。从图中可见，A－A的剖面是从主峰剖切，假山山体是由毛石叠置而成。B－B剖面是整个假山的纵剖面。

E．看基础平面图和基础剖面图，了解基础平面形状、大小、结构、材料、做法等。由于本例基础结构简单，基础剖面图绘在假山剖面图中没有表现出来。

（5）道路、广场工程图。道路、广场工程图主要表明设计范围内的各种道路、广场的具体位置、宽度、高程、纵横坡度、排水方向、道路平曲线、纵曲线等设计要素，以及路面结构、做法、路牙的安排，与绿地的关系及道路广场的交接铺装大样等。道路、广场工程施工图包括平面图、纵断面图和横断面图。

① 图示内容。

A．平面图：主要表示道路及广场的平面形状，包括路宽及细部尺寸、广场尺寸及细部尺寸、路面铺装材料及图案、路面的高程等内容。为了便于施工，道路广场平面图采用直角坐标网格控制其平面形状，其轴线编号应与总平面图相符。

B．纵断面图：它是假设用铅垂剖切面沿道路中心轴线剖切，将所得断面图展开而成的立面图，它表示某一段园路的起伏变化情况。对有特殊要求的或路面起伏较大的道路，应绘制纵断面图。绘制纵断面图时，由于路线的高差与路线的长度相比要小得多，如果用相同比例绘制，就很难将路线的高差表示清楚，因此路线的长度和高差一般采用不同比例绘制。

C．横断面图：主要用来表示道路、广场的面层结构及做法。绘图比例一般为1∶20。在画剖面图之前，先绘出一段路面或广场的平面大样图，表示路面的尺寸和材料铺设方法。在其下面作剖面图，表示路面的宽度及具体材料的构造（面层、垫层、基层等厚度、做法）。每个剖面的编号应与平面对应。

D．铺装详图：对道路、广场的重点结合部位、铺装图案等，用局部放大详图进行表示。

② 识读方法。识读方法参考假山工程图。图2-193为园路工程施工图，图中道路的平面布置形式为自然式，一级园路宽2米，为卵石路面，次级园路也是以自然式布置的游步道，宽1.2米，块石路面，具体做法见断面图所示。

(6) 驳岸工程图。景观中的水体需有稳定、美观的水岸来维持，因此水体边缘必须建造驳岸，驳岸是支持和防止坍塌的水工构筑物。驳岸工程图包括驳岸平面图及断面详图。

驳岸平面图表示驳岸线的位置及形状，对构造不同的驳岸应进行分段（分段线为细实线，应与驳岸垂直)，并逐段标注详图索引符号。

由于驳岸线平面形状多为自然曲线，无法标注各部分尺寸，为了便于施工，一般采用方格网控制。方格网的轴线编号应与总平面图相符。详图表示某一区段的构造、尺寸、材料、做法要求及主要部位标高。

驳岸图的识读方法同假山工程图。如图2-194所示，该岸工程共划分12个区段，分为四种构造类型，详见断面详图，其中1号详图为毛石驳岸，2号详图为条石驳岸，3号详图为土坡与山石驳岸，4号详图为山石驳岸。岸顶地面标高均为-0.10米，常水位标高为-0.50米，最高水位标高为-0.90米。驳岸背水一侧填砂，以防驳岸因受冻膨胀而遭到破坏。

(7) 景观建筑及构筑物。建筑是景观设计中的重要组成部分，其形态结构、功能作用不同于一般意义上的民用建筑。景观建筑的形式多样，包括亭、台、楼、阁、轩、榭、斋，以及游廊、花架、大门等。在景观设计中需要提供园林建筑单体的设计，给出构筑物的外形、尺寸、材料等。施工图阶段要求提供各类建筑的基础、各节点的施工方法。

体积感较大的建筑绘制和识读方法可参考前面章节介绍的民用建筑的画法。这一章节就不再作具体的介绍了。要牢记景观建筑及构筑物也是由平面图、立面图、剖面图等组成的。

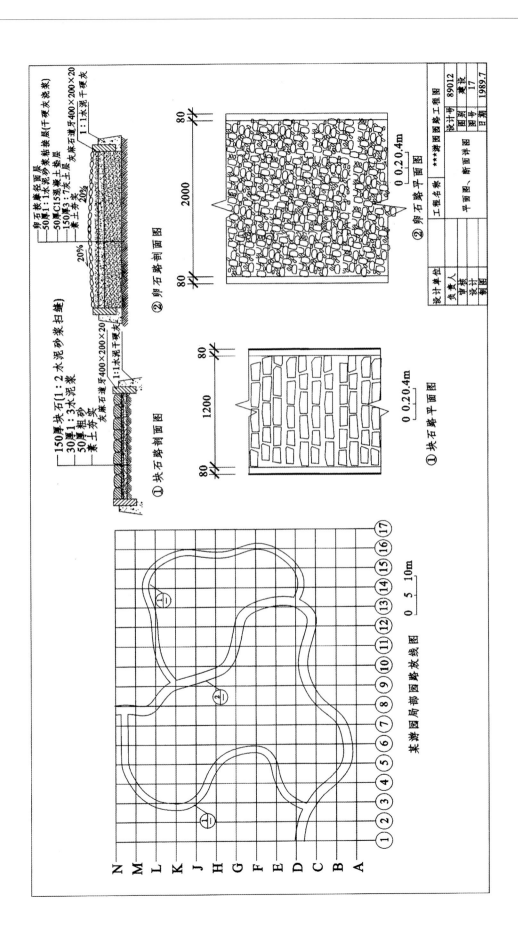

图2-193　道路工程施工图

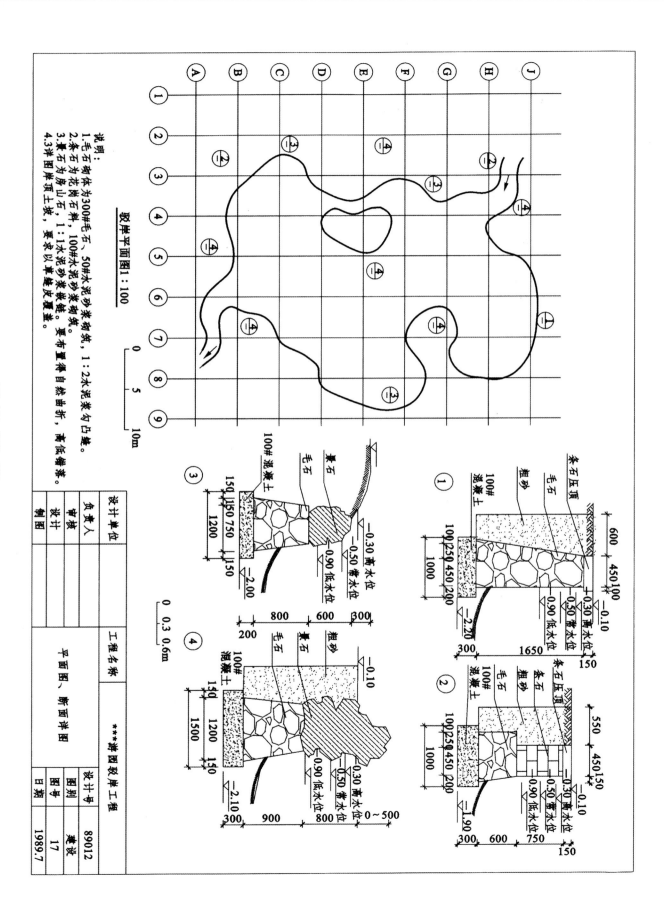

驳岸平面图1:100

说明:
1. 毛石砌体为300#毛石、50#水泥砂浆砌筑,100#水泥砂浆勾缝。
2. 条石为花岗石料,1:1水泥砂浆嵌缝。1:2水泥浆勾凸缝。
3. 景石为房山石,要布置得自然曲折,而低缓秀。
4. 3 详图岸顶土坡,要求以草坡及覆盖。

| 0 | 5 | 10m |

1 断面

2 断面

条石压顶	
毛石	
粗砂	
100#混凝土	

600 450 100
1000
100 250 450 200

—0.30 高水位
—0.10
—0.50 常水位
—0.90 低水位
—2.20

300   1650   150

2 断面

| 条石压顶 |
| 毛石 |
| 粗砂 |
| 100#混凝土 |

550 450 150
1000
100 250 450 200

—0.30 高水位
—0.10
—0.50 常水位
—0.90 低水位
—1.90

300   600 750
150

3 断面

| 100#混凝土 | 景石 | 毛石 |

150 150 750
1200
1150

—0.30 高水位
—0.50 常水位
—0.90 低水位
—2.00

200   300   600   800

4 断面

| 100#混凝土 | 景石 | 毛石 | 粗砂 |

150
1500
1200
150

—0.10
—0.30 高水位
—0.50 常水位
—0.90 低水位
—2.10

300   900   800   0~500

| 0 | 0.3 | 0.6m |

设计单位					工程名称		****游园驳岸工程	
负责人						设计号		89012
审核						图别		建设
设计				平面图、断面详图		图号		17
制图						日期		1989.7

图2-194 驳岸工程施工图

下面介绍一些景观设计中常用的建筑构筑物的分类及相应的图纸绘制。

① 亭。亭在景观当中为供人休息、避暑纳凉之用，是景观设计中常见的构筑物形式。亭在结构上一般分为屋顶、柱身、台基三部分，其造型和比例关系可按设计需要而定，整体造型相对独立和完整。同时可结合廊、主体建筑一起设计。

亭的常见类型分为中式古典亭、西式古典亭和现代亭三种。常用材料有竹、木、草、金属、有机玻璃、混凝土等。图2-195、图2-196为不同类型亭的图纸的绘制。

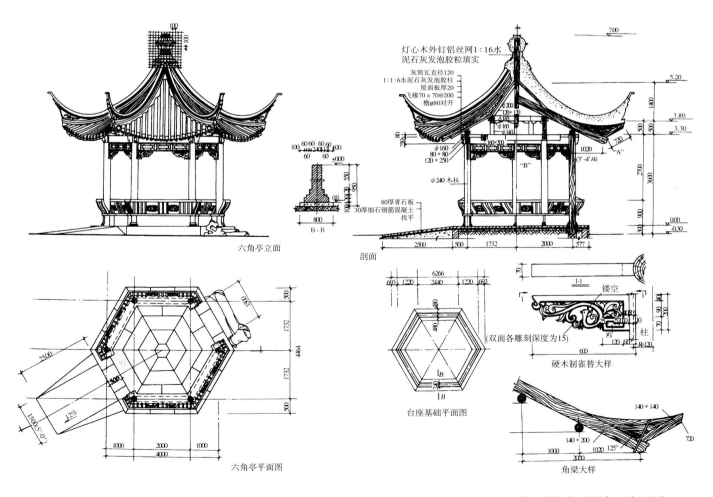

图2-195 美国"中国园"内的文逸亭之一

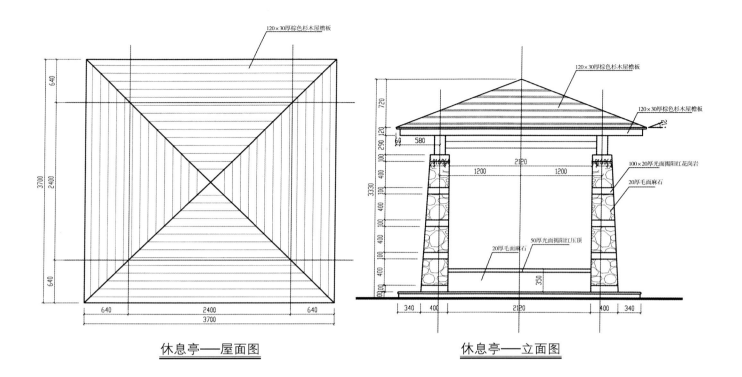

休息亭——屋面图

休息亭——立面图

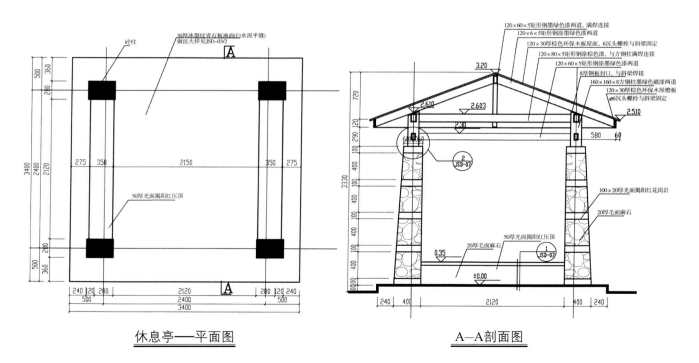

休息亭——平面图

A—A剖面图

设计说明:
1. 本图尺寸以毫米计,标高以米计;
2. 未尽事宜请按国家现行规范现场处理。

图2-196 某游园休息亭

② 廊。廊常布置在两个建筑物或观赏点之间，主要用于划分景区空间、丰富空间层次，在景观设计中可成为景观通道，布局上呈"线"形。廊可独立成景，也可和亭、花架结合在一起。从造型上看，同亭一样由基础、柱身和屋顶三部分组成。

廊的基本单元为"间"。"间"一般柱距3米左右，横向净宽1.2～1.5米，柱高2.5～2.8米。如颐和园的长廊由273间组成，全长728米，为我国园林中最长的游廊。

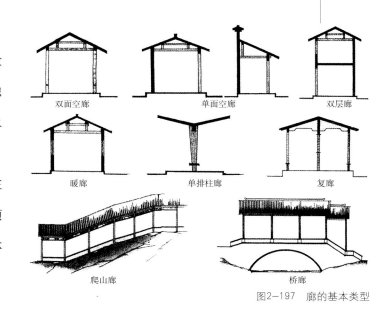

图2-197　廊的基本类型

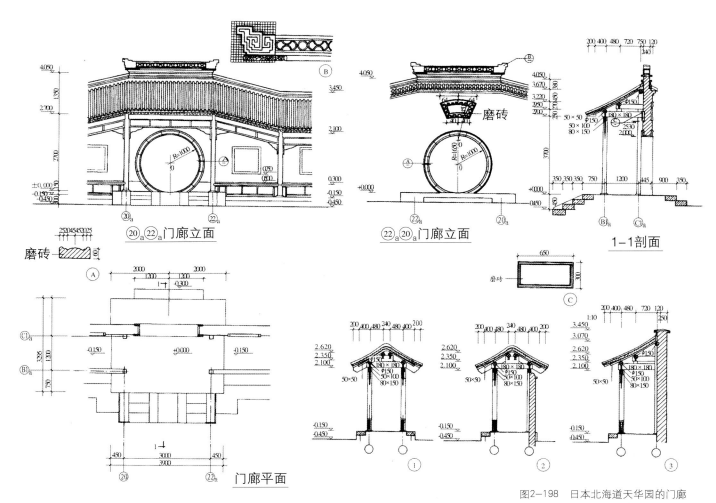

图2-198　日本北海道天华园的门廊

廊按立面形式可分为双面空廊、单面空廊、复廊、双层廊、桥廊、单排柱廊、爬山廊、柱廊等，如图2-197所示。按平面形式可分为直廊、曲廊、回廊等。常用材料有木、竹、金属、钢筋混凝土等。

③ 花架。花架是指在绿地环境中进行植物造景时，用以支撑攀缘植物等的一种棚架式建筑小品。其设计是根据攀缘植物的特点和环境来构思花架形体，整体造型比亭、廊等建筑更为通透，具有通道、赏景、休息等功能。

常见花架的高度为2.5～2.8米之间，开间宽度为3～4米，进深跨度通常为2.7米、3米、3.3米的尺寸。花架立面常见的形式有单柱花架、双柱花架、亭式花架等。常用的材料为竹、木、钢、混凝土、金属等。

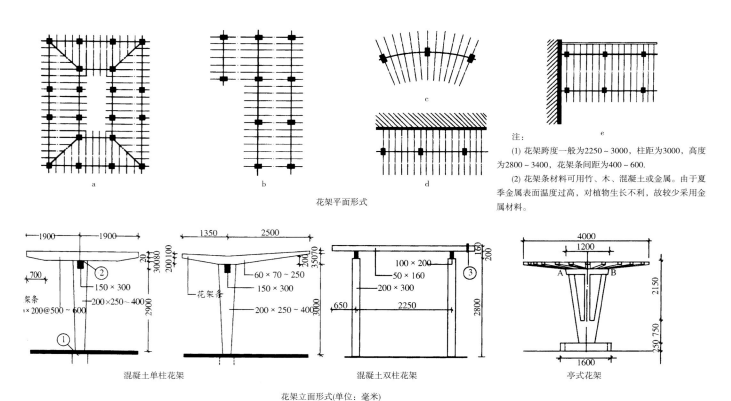

注:
(1) 花架跨度一般为2250～3000，柱距为3000，高度为2800～3400，花架条间距为400～600.
(2) 花架条材料可用竹、木、混凝土或金属。由于夏季金属表面温度过高，对植物生长不利，故较少采用金属材料。

花架平面形式

混凝土单柱花架　　混凝土双柱花架　　亭式花架

花架立面形式(单位：毫米)

图2-199　常见花架的平面、立面形式

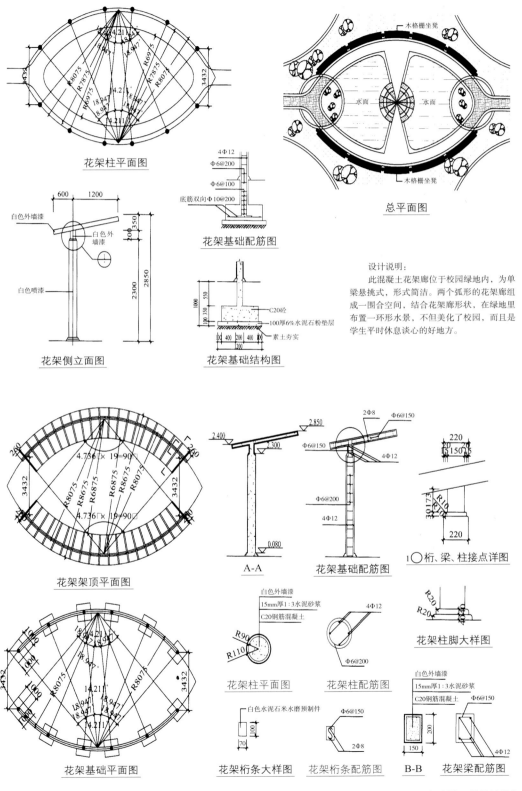

花架柱平面图

花架基础配筋图

总平面图

花架侧立面图

花架基础结构图

设计说明:
　　此混凝土花架廊位于校园绿地内,为单梁悬挑式,形式简洁。两个弧形的花架廊组成一围合空间,结合花架廊形状,在绿地里布置一环形水景,不但美化了校园,而且是学生平时休息谈心的好地方。

花架架顶平面图

A-A

花架基础配筋图

1○桁、梁、柱接点详图

花架基础平面图

花架桁条大样图

花架桁条配筋图

花架柱平面图

花架柱配筋图

花架柱脚大样图

B-B

花架梁配筋图

图2-200　某绿地花架

④ 入口处建筑构造。入口是连接建筑室内外或特定园区内外空间的通行口，不仅起到分割标识空间、控制人流和车流的作用，其本身还具有装饰观赏性、美化周围环境的作用。其建筑构造主要由入口标志、票房、游客用的服务用房和门外广场组成，一般建筑面积要求不大。

入口的建筑形式多样，可采用景观小品、仿自然山体、亭台等。

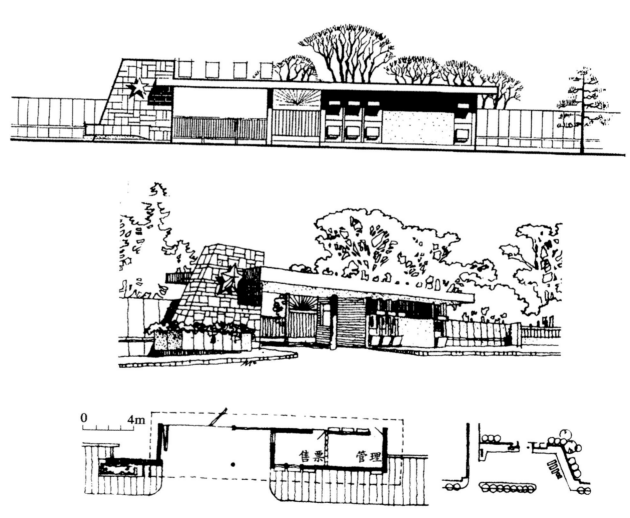

0   4m

售票   管理

图2-201 哈尔滨儿童公园大门

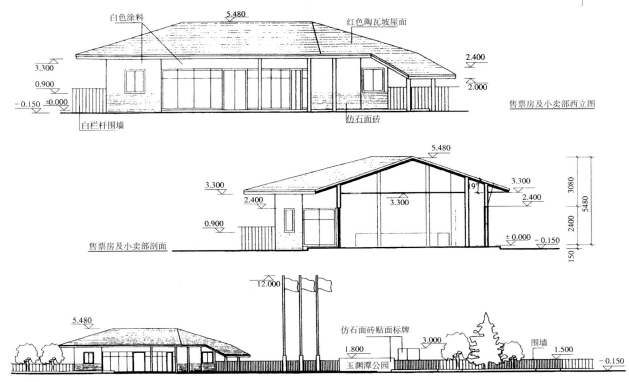

图2-202　北京市玉渊潭公园西门景区的售票房(西门广场正立图)

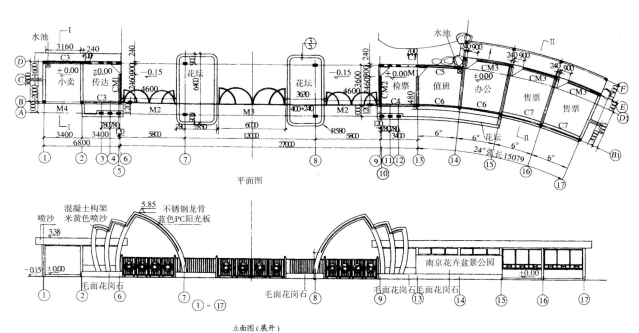

图2-203　南京市情侣园中的花卉公园大门

⑤ 服务性建筑。景观设计中的服务性建筑包括接待室、展览室、饮食业建筑、厕所、各类服务点等，是景观设计中的重要组成要素，其建筑物的选址和设计是否得当，与能否增添景色的优美有密切关系。

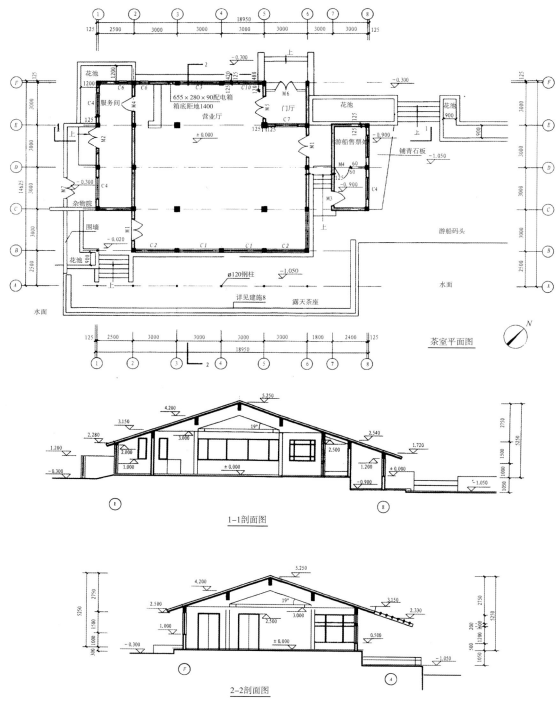

图2-204 北京市玉渊潭公园西门码头工程茶室

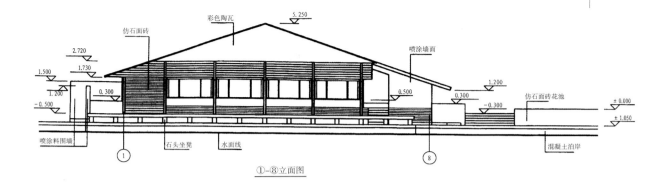

①-⑧立面图

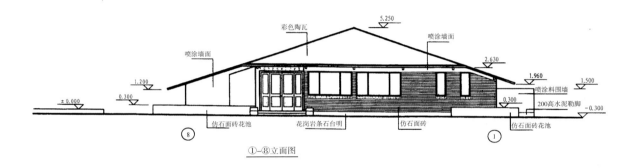

①-⑧立面图

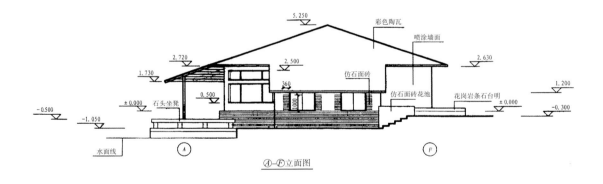

Ⓐ-Ⓕ立面图

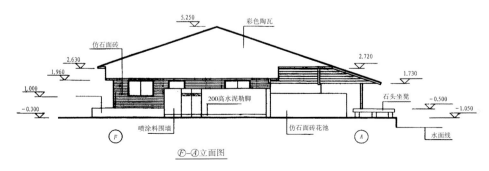

Ⓕ-Ⓐ立面图

图2-205　北京市玉渊潭公园西门码头工程茶室

⑥ 其他小品构筑物。

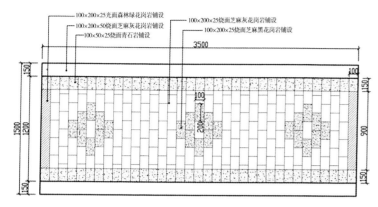

① 桥平面图 1:20

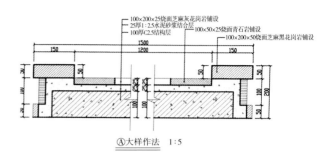

Ⓐ大样作法 1:5

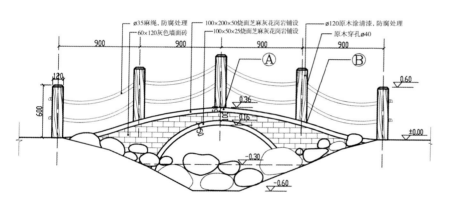

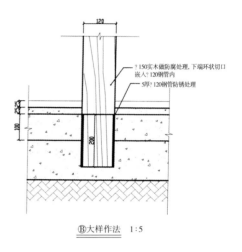

Ⓑ大样作法 1:5

图2-206 某游园桥的设计图

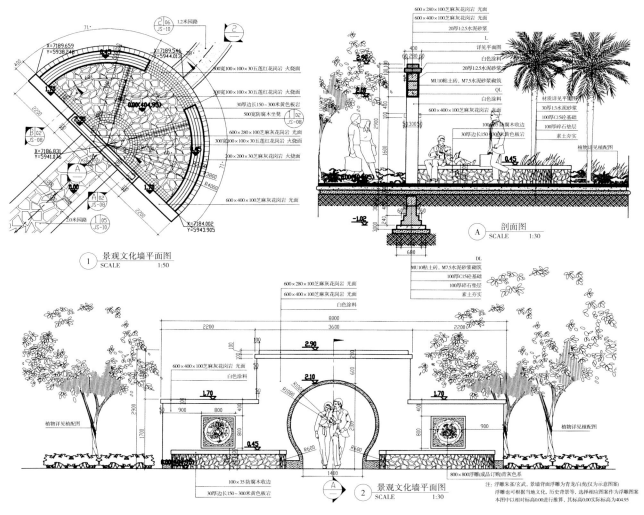

图2-207 某游园景墙设计图

思考题

1. 园路工程施工图的绘制包括哪些内容？

2. 如何绘制及识读地形图？

3. 如何表达不同景观设计要素（山石、植物、水体等）的质感？

4. 景观设计工程图中的平面图要表达哪些内容？

5. 竖向设计图有哪些绘图要点？

6. 植物配置图需要表达哪些内容？

7. 景观建筑图及构筑物图纸的识读及绘制与建筑工程图纸有什么差别？

第三章 课题实训

一、投影知识课题练习

1. 实训项目

点、线、面的投影练习和形体中的点、线、面的投影练习。

2. 所用材料

三角板、绘图纸或普通白纸、铅笔、针管笔等常用绘制工具。

3. 实训目的

逐步建立三维空间转二维空间的形体概念。

掌握点、线、面的投影绘制方法。

4. 实训内容

点、线、面的投影训练。

各类形体中的点、线、面的投影训练。

练习二：根据直观图作出组合体的三面投影图

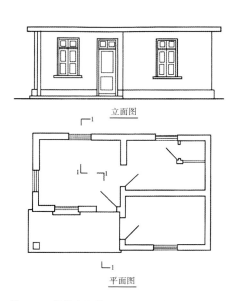

练习三：根据房屋的平、立面图作出剖面图

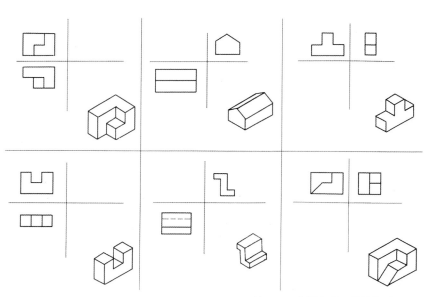

练习一：根据直观图补绘投影图

二、三视图绘制课题练习

1．实训项目

（1）练习一：在A3图纸上绘制家具的三视图并标注尺寸（可选择2～3件不同的家具，也可选择室外的景观小品）。

（2）练习二：绘制家具的剖面图并标注尺寸。

2．所用材料

图板、丁字尺、三角板、建筑模版、绘图纸或普通白纸、铅笔、针管笔等常用绘制工具。

3．实训目的

掌握不同物体三视图和剖面图的绘制。

熟悉制图方法。

掌握线型粗细的区分。

4．实训内容

根据家具的轴测图或透视图绘制出相应的三视图。

对家具进行规范的尺寸标注。

对剖面图的正确识别及绘制。

制图参考步骤：

(1) 选择2～3件标注基本尺寸的室内外家具图片。

(2) 对照家具的透视图定好比例，在A3图纸上开始绘制三视图（俯视图、正视图、侧视图）。

(3) 用细线绘制完成形体，不可见部分应用虚线表示，检查后加粗外轮廓线并标注尺寸。

(4) 绘制相匹配的透视图。

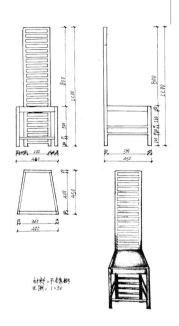

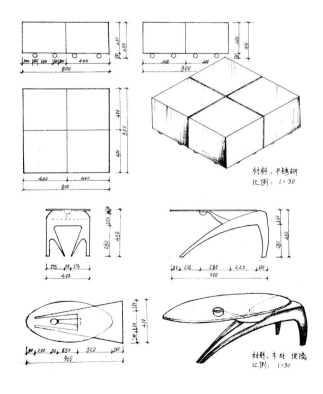

家具三视图学生作业

三、轴测图绘制课题练习

1．实训项目

练习一：绘制某一室内空间的正等轴测图。

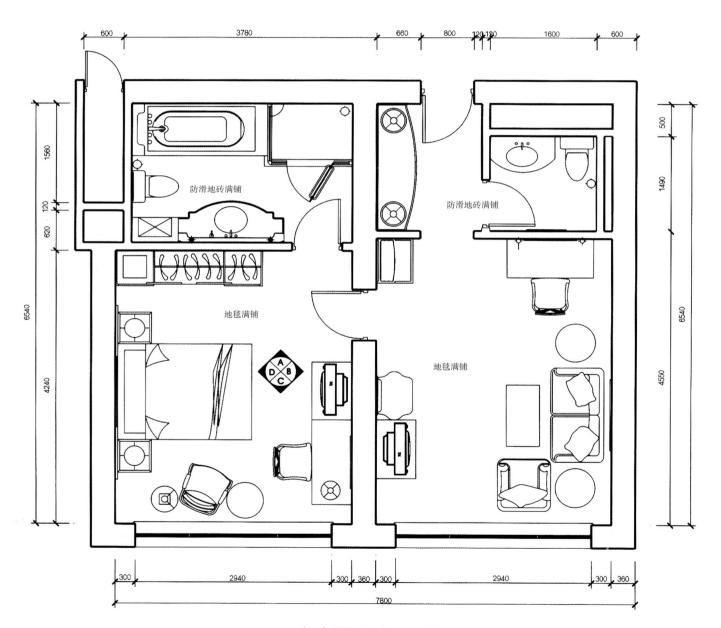

室内平面图1:100

练习二：绘制小游园的鸟瞰图。

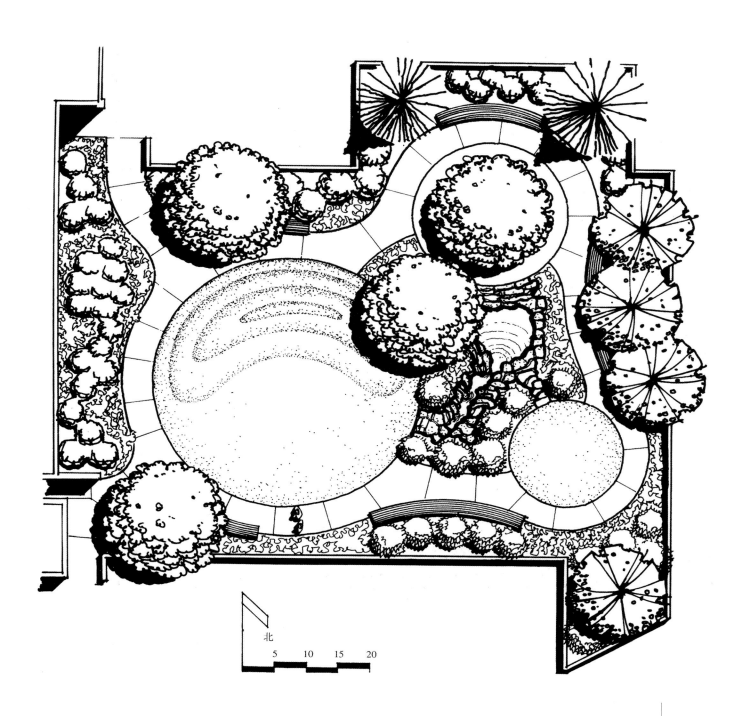

北

5　　10　　15　　20

2．所用材料

图板、丁字尺、三角板、建筑模版、蛇尺、绘图纸或普通白纸、铅笔、针管笔等常用绘制工具。

3．实训目的

掌握正等轴测图的绘制方法。

掌握网格法绘制景观鸟瞰图。

把握好不同轴测图的比例关系。

4．实训内容

学会室内空间的轴测表现。

学会曲线及室外景观的轴测绘制。

制图参考步骤：（以绘制室内空间轴测图为例）

（1）根据室内平面图分析采用什么角度的轴测图能更好地表现室内空间。

（2）在A3的图纸上定好轴测图的坐标。

（3）根据轴向伸缩系数在坐标轴上定好形体的点，画出墙体、家具等的平面轴测图。

（4）根据家具的高度尺寸，在平面图形上拉起高度，并修正家具的轴测造型。

（5）检查无误后加深剖到图线，适当区分粗细线以加强图面美观。

四、示范作品临摹绘图

（一）手绘尺规制图

1．实训项目

在A2图纸上绘制别墅或住宅小区的施工图纸。

2．所用材料

图板、丁字尺、三角板、建筑模版、绘图纸或普通白纸、铅笔、针管笔等常用绘制工具。

3．实训目的

能在图版上完成A2的建筑图纸的绘制。

熟悉建筑制图规范，掌握建筑图纸的正确识读和绘制方法。

掌握线型粗细的区分。

4．实训内容

合理布置图纸上的图例，给图例选定合适的比例。

学会表现不同的建筑材质。

绘制完整的建筑平面图、立面图等。

制图参考步骤：（以绘制建筑立面图为例）

（1）根据给出的建筑立面图纸在A2的图纸上定好比例。

（2）定出地面线、左右外墙轮廓线，再按顺序绘制门窗、雨棚、阳台、台阶等。

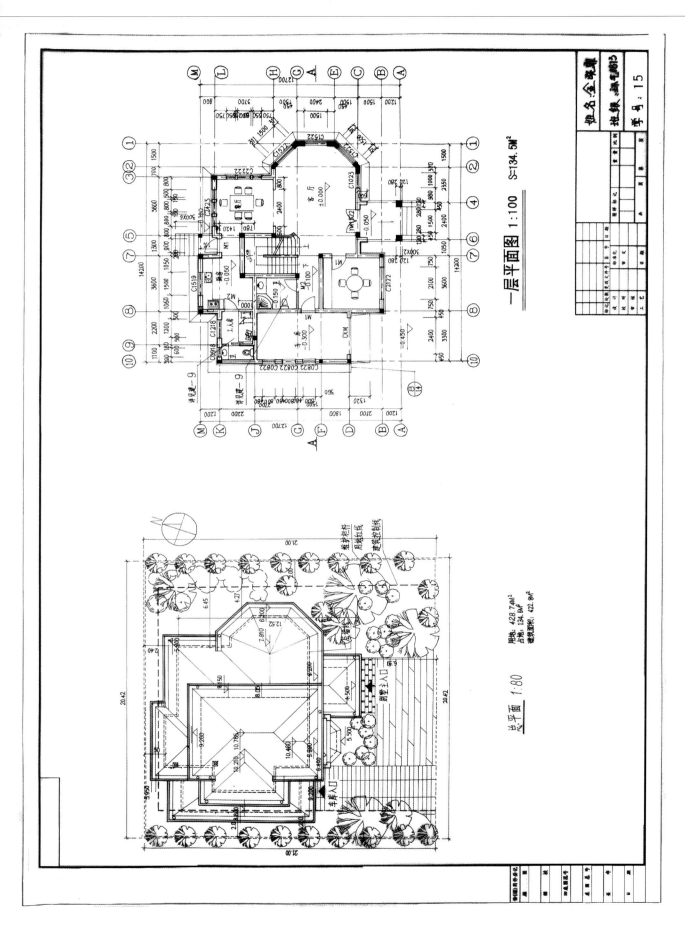

一层平面图 1:100　S=134.5M²

总平面 1:80

用地：428.74M²
占地：134.8M²
建筑面积：422.8M²

姓名：金咏晴

班级、学号：15

学号：15

建筑尺规制图　学生作业

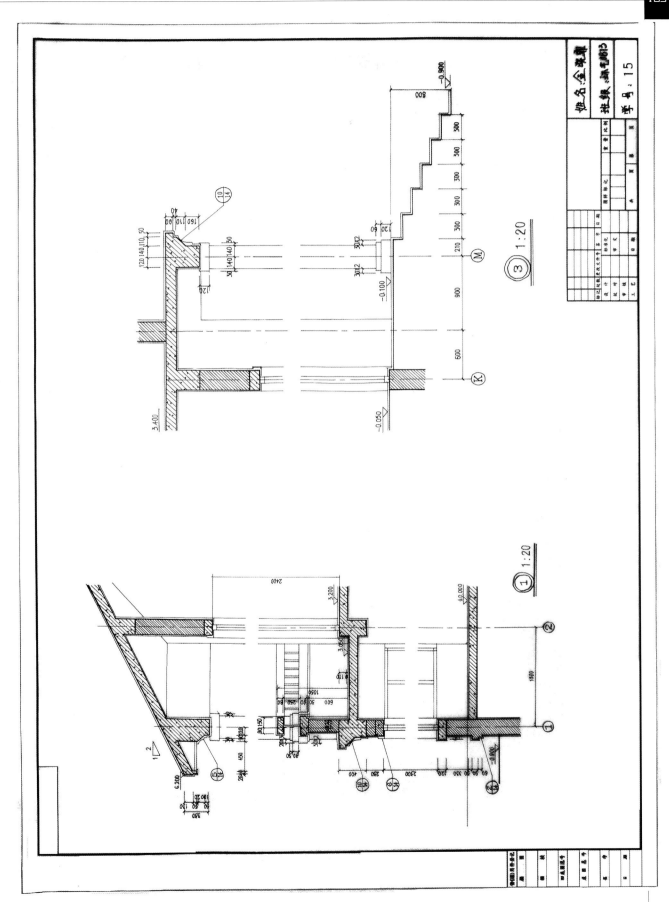

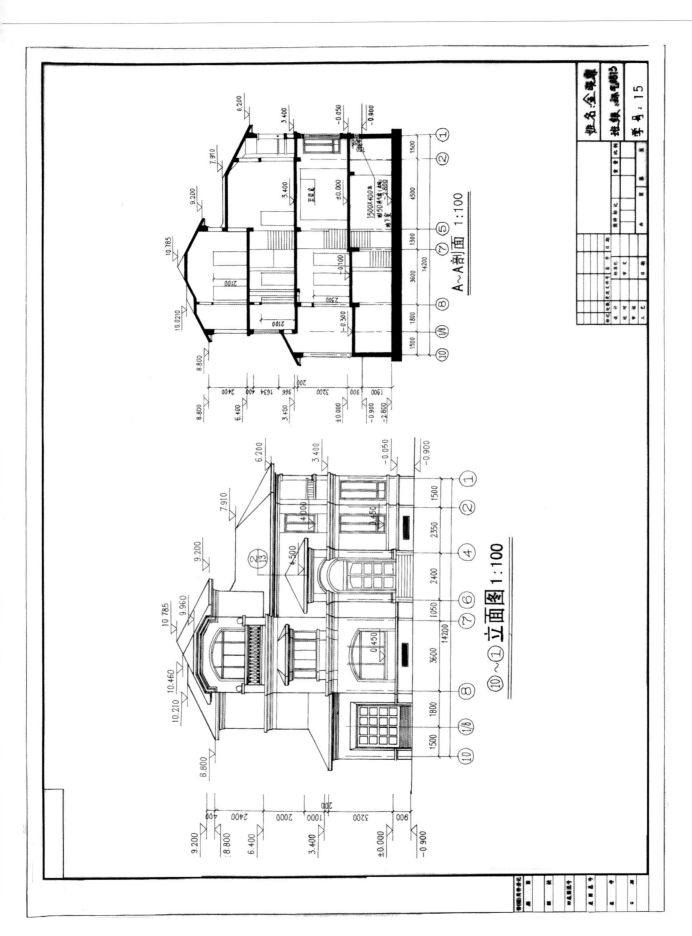

建筑尺规制图 学生作业

（3）标注尺寸、标高、轴号、文字说明等。

（4）检查无误后按线宽标准加深图线。

（二）徒手制图

1．实训项目

在A2图纸上绘制单身公寓或手表店的方案草图。

2．所用材料

绘图纸或普通白纸、铅笔、针管笔等常用绘制工具。

3．实训目的

学习画草图要领，掌握徒手画图的方法。

熟悉室内制图规范。

掌握制图表达室内空间的要领。

掌握线型粗细的区分。

4．实训内容

室内平面图家具及铺装的绘制，注意不同材质的表现。

对照室内平面图的投影绘制室内立面图。

观摩往届学生绘制的优秀案例。

制图参考步骤：（以绘制室内设计方案图纸为例）

（1）选择小空间的室内设计图稿,图纸中包含室内平面布置图、顶棚布置图和立面图。

（2）在A2的图纸上定好比例。

（3）按先后顺序绘制室内平面布置图、顶棚布置图和立面图。

（4）标注尺寸、内视符号、文字说明等。

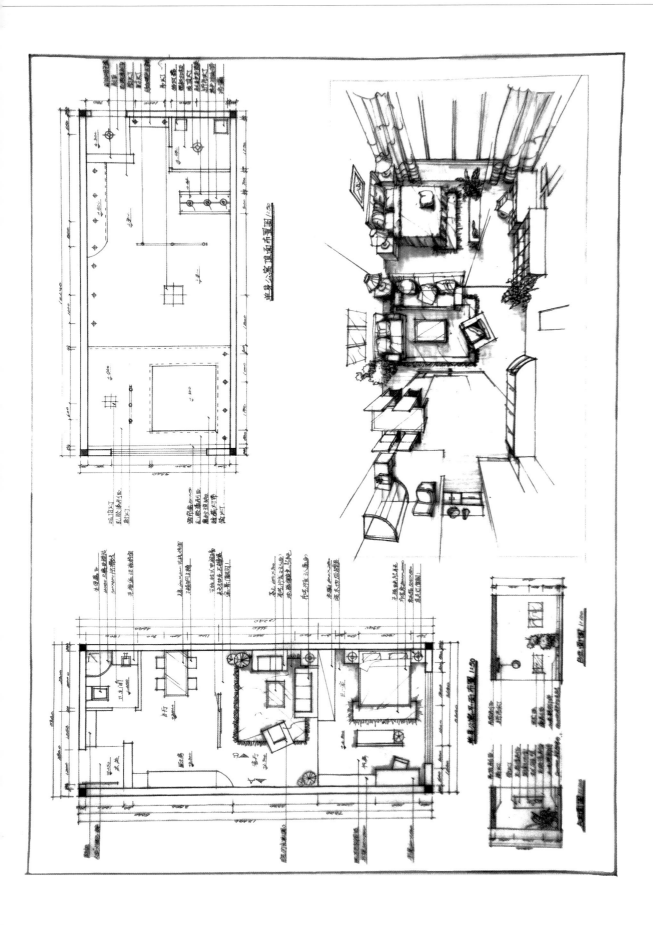

室内徒手制图（学生作业一）

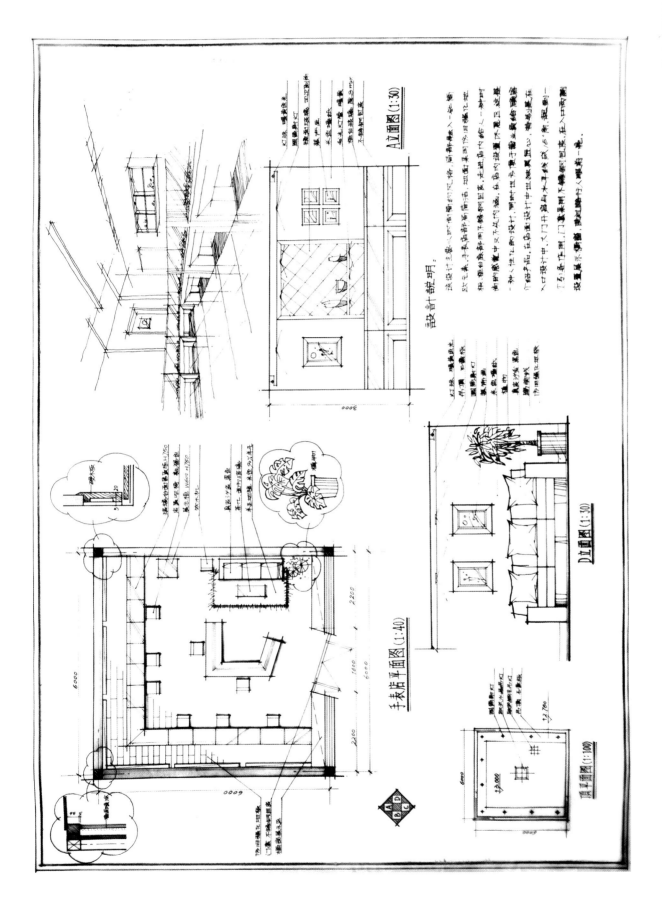

（5）绘制室内空间的轴测图或者空间透视图。

（6）检查无误后按线宽标准加深图线。

（三）尺规和徒手制图相结合

1．实训项目

在A2图纸上绘制某小区景观设计的方案图和施工图。

2．所用材料

图板、丁字尺、三角板、建筑模版、绘图纸或普通白纸、铅笔、针管笔等常用绘制工具。

3．实训目的

熟悉方案图和施工图绘制的差别。

熟悉景观制图规范，掌握景观图纸的正确识读和绘制方法。

掌握线型粗细的区分。

训练小组团队合作能力。

4．实训内容

合理布置图纸上的图例，给图例选定合适的比例。

表现不同的景观材质。

绘制各类景观设计图纸。

在选定临摹的图纸后，制图步骤可参考室内制图和建筑制图的绘制过程。

5．实训安排

按小组进行绘图，5人左右为一组，配合完成一整套图纸。

五、实地测绘练习

1．实训项目

对实际场地进行测量并绘制成图纸。

2．所用材料

卷尺、图板、丁字尺、三角板、建筑模版、绘图纸或普通白纸、铅笔、针管笔等常用绘制工具。

3. 实训目的

掌握测量的基本方法。

综合所学的知识绘制规范的图纸。

4. 实训内容

对实际空间进行测量。

根据测量数据绘制成图纸。

5. 实训安排

按小组进行绘图，两三人为一组，配合完成一整套图纸，图

纸最终完成可以手工绘制也可用AUTO CAD软件绘制。

学生测绘过程

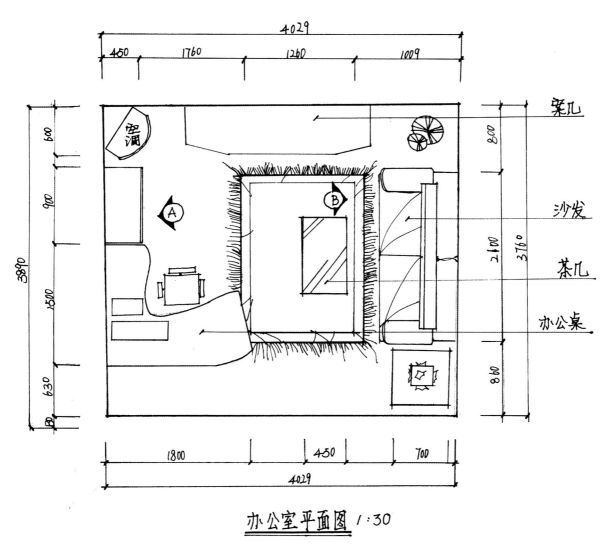

4029
450   1760   1260   1009

600
900
3890
1500
630

空调

A

B

800
2100   3760
860

窗儿
沙发
茶几
办公桌

1800   450   700
4029

办公室平面图 1:30

学生测绘作业（一）

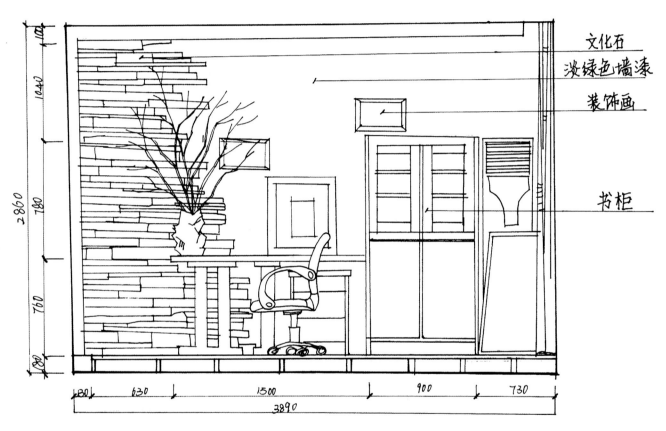

文化石

淡绿色墙漆

装饰画

书柜

办公室A立面 1:20

100

1040

780

2860

760

80

180　630　1500　900　730

3890

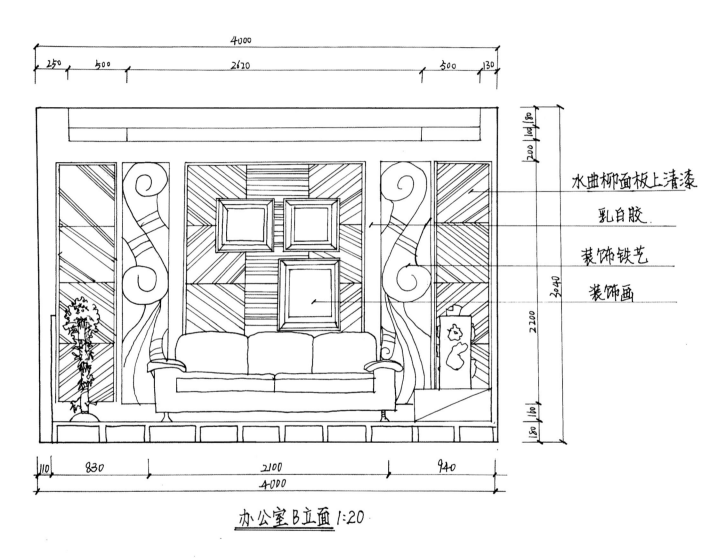

水曲柳面板上清漆

乳白胶

装饰铁艺

装饰画

办公室B立面 1:20

参考书目

1. 《室内设计制图》孙元山、高光、杨文波 辽宁美术出版社 2005年
2. 《园林工程制图》张淑英 高等教育出版社 2005年
3. 《景观建筑构造与设计》丁 平、王君 江苏美术出版社 2008年
4. 《环境艺术设计制图与识图》徐 进 武汉理工大学出版社 2008年
5. 《室内设计制图与透视》靳克群、靳禹 天津大学出版社 2007年
6. 《建筑制图与阴影透视》李思丽 机械工业出版社 2007年
7. 《建筑制图》钱可强 化学工业出版社 2001年
8. 《制图与识图》韩立国、于修国、王湘 中国电力出版社 2009年
9. 《建筑绘画——绘图类型与方法图解》余人道译（Rendow Yee）[美]
   1999年
10. 《风景园林设计》王晓俊 江苏科学技术出版社 2006年
11. 《建筑识图100例》田蕴 化学工业出版社 2008年
12. 《国家建筑标准设计图集》 中国计划出版社 2006年

谢　辞

　　本教材在编写过程中，得到了教学同仁和学生的大力支持，特别是叶国丰院长的大力支持。感谢给我提供帮助的老师与学生，他们是：商亚东、吴宏伟、李辉、黄之潮、徐佳颖、程佳、陈央央、金晓霏、董埕埕、陈莹、徐洁、张震、林丽、李晓林。

图书在版编目（CIP）数据

制图与识图／韦珏著. —杭州：浙江人民美术出版社，
2010.1
新概念中国高等职业技术学院艺术设计规范教材
ISBN 978-7-5340-2664-5

Ⅰ. 制… Ⅱ. 韦… Ⅲ. 建筑制图—识图法—高等学校：
技术学校—教材 Ⅳ.TU204

中国版本图书馆CIP数据核字（2010）第004929号

顾　　问　林家阳
主　　编　赵　燕　叶国丰

编审委员会名单:（按姓氏笔画排序）
丰明高　方东傅　王明道　王　敏　王文华　王振华　王效杰　冯顾军　叶　桦　申明远
刘境奇　向　东　孙超红　朱云岳　吴耀华　宋连凯　张　勇　张　鸿　李　克　李　欣
李文跃　杜　莉　芮顺淦　陈海涵　陈　新　陈民新　陈鸿俊　周保平　姚　强　柳国庆
胡成明　赵志君　夏克梁　徐　进　徐　江　许淑燕　顾明智　曹勇志　黄春波　彭　亮
焦合金　童铧彬　谢昌祥　虞建中　寥　军　潘　沁　戴　红

作　　者　韦　珏
责任编辑　程　勤
装帧设计　程　勤
责任印制　陈柏荣

新概念中国高等职业技术学院艺术设计规范教材

制图与识图

出 品 人　奚天鹰
出版发行　浙江人民美术出版社
社　　址　杭州市体育场路347号
网　　址　http://mss.zjcb.com
电　　话　（0571）85170300　邮编　310006
经　　销　全国各地新华书店
制　　版　杭州百通制版有限公司
印　　刷　浙江海虹彩色印务有限公司
开　　本　889×1194　1/16
印　　张　11
版　　次　2010年1月第1版　2010年1月第1次印刷
书　　号　ISBN　978-7-5340-2664-5
定　　价　46.00元

（如发现印装质量问题，请与本社发行部联系调换）